U0030872

雙 贏

東西這樣賣，團隊這樣帶，

超業雙雄黃正昌與賴政昌傾囊相授，
修練一流銷售技巧，打造頂尖業務團隊，
就是這本書！

作者◎黃正昌 賴政昌

推薦序／沈春長

　　因緣際會，10 年前認識正昌，也因正昌對於環保觀念以及組織行銷合作模式的認同，於是我們有了進一步的合作。

　　我們雖然合作的時間不長，但是合作非常的愉快，現在也成為亦師亦友的好朋友。

　　正昌在我心目中，一直是個有企圖心、有能力、幽默好口才、且執行力強的業務高手及管理人才。

　　現回頭看正昌過往的表現，真是可圈可點，雖然正昌已步入中年，但是衝勁猶如少年時。

　　今聞他要出第五本書，而這本書又是有關銷售、組織、行銷，所以我相信以他過去帶領團隊的經驗，這本書會是一本實踐的書，更會是一本可實踐的工具書。

　　如果有更多的企業主與領導者，能讀透、且悟到這本書的精髓，相信也會讓更多的人在自己的領域中更上一層樓喔！

立光科技國際股份有限公司

董事長 沈春長

　　我的好朋友黃正昌老師，寫了《30秒打動人心》暢銷書之後，受到廣大閱讀者的迴響及從事公關工作者的推崇。的確，語言即是行為。會說話的人，公關工作推動也會順遂。誠如藝術評論家羅斯金也曾說：任何語言只有在聽者能接受的範圍內才具有意義。你無法對沒有尊嚴的人講人的尊嚴，無法與愛無緣的人講愛。所以能善用語言、多說好話的人，人際關係自然也會好。

　　我十分佩服身兼舞臺劇的演員、演說家等多重角色的黃老師，總是扮演好人生中的任何角色，他的人格特質幽默、風趣、對人生充滿熱情，哲學思想紮實，言談底蘊淳厚，總是不吝與人分享豐富的經歷。如《道德經》言：上善似水，利萬物而不爭。

　　他與另 1 位賴政昌老師合著了第五本書。敘述如何從銷售的基層做起，分享職涯中的愛、恨、恐懼、利益等心情，以及如何鞭策自已的夢想，打造成功的團隊。激勵有志於業務工作的朋友們。

　　看本書的過程中，回憶起自己在退伍後，在淨水器公司上班負責跑業務，施工、安裝、維修等工作全都包的日子，過程中常常碰釘子、吃閉門羹，更讓我挫折不已，想要放棄……

　　那時老闆開導我說：人家不向你買是正常，但見面 3 分情，你去到第 6 次，人心都是肉做的……；後來我調整心態，以真誠為出發點，用感恩的心勤於拜訪客戶，每天到凌

4

晨1、2點才下班，和客戶變得像朋友一樣。如書中所言要向宇宙下訂單，天道酬勤，生意自然滾滾而來。

書中有段話：「成為孩子的表率，身教重於言教。」我想起父親在我小二時，幫我買了台自動削鉛筆機，全班沒同學有，他教我要懂得分享與付出，下課時同學都排隊跟我借，我人緣因此變很好。至此我深知道與人為善，一輩子就會貴人多，敵人少。父親最常叮嚀我的話是：「唸書最後一名無所謂，但做人一定要第一名。」

白手起家的過程，也是從銷售保養品、化妝品等業務，累積接觸客人的經驗。由於客人反映皮膚過敏問題，讓我萌生創立愛爾麗的念頭，先是Spa館，2002年正式在台南市開設醫療美容診所。萬丈高樓平地起，銷售業務是我開啟愛爾麗集團的敲門磚！

夜深拜讀此書，書中2位阿昌老師用深入淺出以說故事的方式，將公關工作的精髓與銷售的實務做了最完美的詮釋。聖經說：凡流淚撒種的，必歡呼收割！

本書的特色之一，就是在各章節之後，能用「行銷便利貼」的方式，標出重點中的重點，使讀者都能夠一目瞭然，方便隨時查考應用，是實用的工具書，也是如臨師保般的指導銷售明燈。

祝福有心致力於銷售工作的勇者。把握雙贏，創造多贏。

愛爾麗集團總裁　常如山

　　我第一次見阿昌，很快的，我們馬上聊得非常起勁。

　　他是一個活在真實世界裡的人。見到他之前，我已經先看過書的部分內容，我心中其實有許多疑問想問他。當我問他、他認為什麼造就了他今日的成就，他回答我其中一句「是積累無數失敗的成果」讓我更確定自己接受邀請寫序的念頭。

　　許多人，會因為一次次失敗，開始懷疑自己更甚者便一蹶不振。要有這個「勇氣」去坦然面對以及接受並不被打倒、這便關係到所謂的心態。然而，在書中也提及了「相信」的這件事。這，就是心態。正面能量已經早被廣泛的討論並影響許多人的生活。然而，「聽」是一件事，「聽懂」是另一件事，聽懂後內化成個人生活信仰，又是另一件事。我個人對於「相信」這件事，有著高度的認同。因為我認為，「相信」這件事會驅使著源源不竭的動力去完成無論是目標、任務或夢想。

　　文中也提到了「改變」這件事。又是另一個大家都聽到過，但當事情發生的當下，或突發狀況之時，絕大多數的人若非真被逼到牆角，改變就是那個沒有選項中的最後選項。我個人的經驗分享，大多數的改變，害怕焦慮指數最高的就屬做出改變的這個決定的當下，之後，隨著改變探索旅程，看到了不同的畫面，聽到了不曾聽過的聲音，倘若再加上

「相信」的力量，這個「改變」將帶來不可思議的甜美果實。我的職涯中，創下最高業績及利潤的那年，我們有三分之二的新同事。舊組織因為金融海嘯被迫重組，整個世界也在重建。同事們都有些傷痛，但也願意敞開心，接受「改變」，我們很快整理腳步，整合團隊向心力，那一年，我學習到了改變不見得是不好，甚至我認為「為何不？」。

我非常喜歡書裏對談式的陳述方法及真實故事分享讓人可以容易輕鬆閱讀。

我看過不少類似書籍，時常因內容太生硬及深澀，能讀到 1/3 已算奇蹟。這是一本我會推薦給我前線的每一位同事的書。成功的銷售，源自於對人性的認知及掌握。探索需求，甚至面臨暫時沒有需求的客人，還是要將服務做滿做好，這個也是一種較長遠的思維在做銷售，我認為非常重要。如同我們在操盤一個品牌，永遠，我們都要不斷的檢視，什麼樣的決定才是對品牌長遠發展是正確的。當然，有時候，難免遇到需要做短期目標達成的狀況，但，如何取得平衡就考驗著操盤手的智慧了。

在文中所提到的實戰經驗分享，彌足珍貴。很多事情或現場發生的狀況，都不會一樣，但是，經過無數失敗經驗積累和成功案例的整合，彙集出精華，可以讓許多經驗相對不足的人，能有效縮短並吸收原本需要花最寶貴的時間所換得的經驗。而我也想再次強調思考內化再轉化為實際運用的重要性。在銷售過程中，常見的狀況是，銷售人員已經有了預設立場，依據個人對客人直覺的判斷而做出相對應的銷售行為模式。很多銷售前線專業知識都很充足，卻忽略了探索客

人需求的重要性，此外，書中提及的建立客人的信任更是我認為銷售行為中之重中之重。一但彼此有了信任，這關係才會走得越久越長。

身為團隊的領導者，做領導工作時，對於所施行的方法必需是經過深思熟慮，且因材施教。每個人，每日都會有不同的心理變化，在凝聚向心力時，正向帶領是必要的，另外，了解關心團隊成員的狀態也會對於成就一個真正強的團隊扮演著重要的角色。文中所提的多「真正的有效關心」也是這個道理。尤其帶領著銷售團隊，每月一號，黑板上的數字都是歸零，沒有堅定的決心，善用人才和極大化資源，立下標杆，帶上所有團隊的心，超前部署，給予方向及戰略，不斷正面引導並面對問題及挑戰，帶領團隊攻城，每下一城，凝聚力就上一層。

很多在書中所提及的內容，常令我覺得「似曾相識」，不禁莞爾。巴不得讓團隊能和阿昌來場實際演練，拋出所有前線面臨的問題，聽聽阿昌如何化解。阿昌的成功，背後推動他的力量，我先賣個關子。我也希望有更多對於自己的生活有不同期待值的朋友們也可以一起閱讀這本書。非常直接了當的給建議，也許不一定適用每一個人，但，我可以確信的是，在本書當中提及的許多建言是可以運用在人生旅途上的。阿昌他說自己很幸運，很年輕就很有成就，然後就重摔了，從頂到底。所以，我很推薦大家看。不需要複雜美麗的字彙，輕鬆閱讀，偶爾停下腳步，思考一下，我相信會很有幫助。

台灣寶格麗（BVLGARI）股份有限公司 董事總經理 張麗敏

業務自由了嗎？

手捧炙熱的書稿，驚嘆一聲，本書二位作者名字出巧的幾乎相同，必然的雙昌合擊就是雙贏！《雙贏——東西這樣賣，團隊這樣帶》在一片新冠疫情晦暗的雲翳下，如出了大景的朝日晴天，出版上市，亮極了。

頂尖的行銷業務高手，都是自帶陽光而來，給人十足的氧氣與能量。多次我在擔憂公事之際，從正昌老師的課堂上頓時陰霾一掃，開心起來，我思索原因，除了他說唱逗趣的高標技巧深具賣相外，他形於外的一字一句，其實是轉發自形內豐富的人生經驗，一種沁人心肺的業務哲學。台下十年功，他願意台上十分鐘濃縮精華，發表分享，我樂得帶著團隊，拚命汲取。

當滿室生輝時，我想像團隊中一員業務也滿身光芒，業績信手拈來，遊刃有餘，已不再是那個卡在門前撞牆、徒勞讓焦慮占滿整個身心、無法開脫桎梏的新生，他自信自在，除了財富自由，他也做到業務自由了。但這是藍圖，他必須從中學。

這本書說的，就是兩位業界菁英結合經驗與智慧，專為有意問鼎頂級業務、培訓團隊領導，打造自由境界的方法。以兩昌互問、對話方式，引人入裡參讀，每一文後再送個綜

結重點的「行銷便利貼」，讓讀者輕鬆帶走。我無法停歇的一口氣拜讀完畢，如同在盛夏灌下冰涼的啤酒，無比酣暢。擺在眼前的是一座聖山，等待有心人去朝聖，而我正在路上翻山越嶺。

看著書，我明白了生活就是一場業務，包含人生旅途中融入的人性、情感、家庭等等待解的事務，如正昌老師書中所說，「人生無處不銷售」，政昌老師的「賣自己、賣觀念、賣解決方案」，我們因而得以生存，好好活著。愛山的我，常告訴朋友們，我即將爬一座難登的百岳高山，因為我在公眾前做了承諾，我就得努力爬，這也是一款業務；看著書，我了解成功的銷售是觸動了客戶，有感覺的瞬間比千言萬語都強，政昌老師點出一迷津，「說得少問得多」，引導客戶讓他感受到這樁買賣是追求到快樂或遠離了痛苦，就對了。看著書，我看到源源不絕的絕妙主意、因果關係、致死原因……打趴我一味孤擲苦幹的傻勁。

書中，有你成為頂尖業務需要的一切智能，更有好好活著的動人見證，教會你一手溫柔一手堅持，劍膽琴心的闖天下；連陌生的開發，高手都分享經驗了，讓你有方有法、不必怕生；你的不敢、害怕與非戰之罪，都沒理由了，人生就是業務，讓自己自由自在好好活出一場。

吉田開發建設有限公司董事兼執行長　李仲泰

溝通的藝術，就是幫助彼此得到想要的結果。

我非常認同「雙贏：東西這樣賣，團隊這樣帶」，這本書籍裡面，所提倡的溝通的模式、銷售的方法，還有帶領團隊的技巧。

一路以來，成立佳興成長營邁向第十年了。

我們從台灣出發，到新加坡到馬來西亞，到中國大陸的各大省份。

不斷的在教導人們，如何在業務上能夠出類拔萃，能夠在領導力上，可以真正帶著團隊夥伴十倍數成長。

在這本書籍裡面，作者政昌老師提到的很多心法、技法，甚至是具體的做法，都是非常到位的。

我一直在推崇的是，從實戰當中磨練出來的能力。

當有機會站在台上成為一個演說家，當又有機會，願意為這個世界做出貢獻，聚集起來變成是一本精華書籍，這是一種強大使命感。

我在政昌老師的身上，也看到了這份使命。

難怪政昌老師在他的領域裡，可以成為一位NO.1，也期待這本書籍，可以被更多的業務人員，更多的領導人看見。

同時榮幸為這本書籍，寫下了推薦序，預祝書籍大賣同時也透過資訊的傳遞，能夠讓這個世界，更多的人充滿競爭力，創造全方位成功的人生。

佳興成長營創辦人 黃佳興老師

讓昌哥的外在技巧，內在力量，充滿能量的全方面老師，教你創造雙贏的局面

5 年前偶然的機會，上了昌哥七大能量課後，是讓我很佩服的一位全方位老師，同時是一位身體力行，不斷學習，不管是書籍上的還是實體課及線上課，都是他自己真實的體驗。

昌哥身上有一種魅力，總能用幽默的口吻，豐富的表情及肢體動作，說學逗唱很傳神的將經驗轉為生活化讓人史能理解，快速將焦點聚集，不管是課堂、線上都是無冷場，真是不簡單的功力。

我自己本身也是帶團隊，跟著昌哥學習，讓我們創造更多的雙贏。

這本書中讓我學習如何面對人、事、物的技巧，贏得他人的信任。

如何創造內在的力量與價值，讓行動力更加有衝勁，勇氣是在被拒絕中成長。

看昌哥的書真讓人活力十足，幫自己充滿電力，學習來自於先願意投資自己，別人的成功都是很多挫折中取得，如何取得捷徑，讓成功的人幫我們整理重點、方法，吸取更多

經驗豐富知識，讓自己多方面學習成長。

感謝昌哥出書傳授多年的經驗。

佐登妮絲國際美容機構

副總　王美淳

誰不想成為Top Sales？

有一種職業每天陪著客戶到處吃喝玩樂，為的就是跟潛在客戶培養親和共識，建立更深層的關係。

有一種職業，收入從3000元到300萬每個月。決定收入高低的三大關鍵第一點：腳要勤，第二點：嘴要甜。

相信大家看到這裡就知道這個行業是從事銷售業務員，但要能真正符合第三點，才能讓你輕鬆擁有高收入！

第三點：高單價商品。

沒錯！只有高單價才有高提成，哪怕只有1%佣金，賣個一千萬的房子也有10萬的報酬。

在我從事培訓的數十年裡，培訓的學生近十萬餘人，像政昌（本書作者）這樣在十年前撒種後，人生不斷翻轉，不怨天尤人持續建立自己的優勢，讓貴人看見並懂得立即把握機會付出行動的人真的不多。

最重要的是「懂得感恩」。

在一通電話下：老師，我要出書了！可以邀請您寫推薦序嗎？

電話交流，見面喝咖啡敘敘舊後，發現政昌樂在工作的心，為顧客找到理想投資宅、夢想生活宅的規劃，以及市場

上極少數擁有十間房產以上的資產規劃師，有別於其他的仲介為了成交、為了營收在推廣業務，政昌真正做到「不用再為錢工作」的生活品質。

而且也是團隊的好榜樣，主管、老闆的好幫手！

一個有執行力的專案經理人總是能用最少資源與時間，創造出最大效益與結果。

領導人如果能凝聚團隊向心、激發團隊鬥志、提高團隊素質與能力，怎麼不能幫助夥伴賺到錢呢？

「能力 = 收入」

每個業務員在選擇行業的時候，也有兩大迷思。

第一點：產品。

以為賣現在最熱門的商品就能賺到錢，殊不知競爭對手跟你想的一樣。所以市場混亂。

第二點：高佣金。

如果你的團隊是因利益而來，很快就會因利益而走。

第三點是沒有人願意分享的秘密：教你賺錢能力的主管。

沒錯！所有的領導人如果沒有教導力，那麼「強將手下皆弱兵」。

政昌這本書正是為了你！沒錯！為了現在有緣又幸運的你所準備的「致勝絕學」。

　　告訴你如何解決顧客過去的問題、滿足顧客當下的需求、實現顧客未來的夢想！【讓顧客立刻購買】

　　告訴你如何讓產品狂銷熱賣、團隊自動運轉、老闆身心解放！**【打造破紀錄團隊】**

　　活用本書，你將獲得以上成果。感恩！

行銷演說家 T.Luke 路守治

　　我是在幾年前的一次課程上跟昌哥結緣。

　　還記得當天昌哥幽默風趣的教學方式讓整場的學員哈哈大笑，沒有一個人分心玩手機或打瞌睡，讓我對昌哥留下深刻的印象，之後也持續跟著昌哥進行不同面向的學習。

　　昌哥跟一般的講師最不同的地方是，他願意持續跟學員保持互動，甚至很多學員透過一對一的輔導因此而改變生命。

　　今天能幫昌哥的第五本書寫推薦序真的感到非常榮幸。這本書的內容不只適合從事業務的人員閱讀，其實每個人都可以學習運用書中提到的很多技巧，讓自己的家庭、事業甚至人際關係更加圓滿。

　　業務部門通常是公司老闆很重視的團隊，因為業務部門扛著開發客戶、把錢賺進來的重責大任。台積電的創辦人張忠謀先生也特別重視業務行銷，他認為身為一個公司領導人除了懂技術更要重視業務和銷售。

　　因為再好的產品跟服務如果沒有透過專業的業務同仁把訂單帶回來，也是無法幫公司帶進收益的。

　　我出社會第一份正式工作就是在花旗銀行擔任業務的工作，所以昌哥這本書的內容我特別有感覺也確實非常實用。

　　真心推薦想要從事業務工作的人可以認真去感受書中的

內容，想要帶出優秀業務團隊的朋友更不要錯過這本書中「銷售的第四步」提到很實用的幾個方法。

　　如果能把這本書的內容融會貫通，我相信一定可以幫助大家營造出更豐富的人生。祝福您～

MamiGuide 坐月子顧問平台

執行長 李國寧

人，有千千萬萬種喜歡與不喜歡。若問，人有千千萬萬，可有共同的喜歡或不喜歡？不容易尋思這個答案。但可以推斷，大多數的人喜歡賺取財富，大多數的人不喜歡成為失敗者，這個論述，有可能可被納入上述提問的回覆內容的最大公約數之一。你可曾在神或神明的面前，祈求能讓自己事業順利、成功發財？曾經祈求過的，顯然這本書是回應你的一個跡象，機會來了，要保握。不曾祈求過的，既你已見到這段序文，同樣表示，福分財運到了。

經驗是在生活中累積、智慧是在經驗中啟發，每人收穫不同，但最感謝有人願意分享。他人的分享，我們的學習。他人的成就，我們的榜樣。阿昌，一位業務高手、一位資深的教育訓練講師，整理了其十多年來的行銷經驗，化為一本精湛的文字寶典。若你有心，細細品讀內容，有機會開啟你不同的思路。就行銷這一區塊，無論是行銷自己，或行銷產品，探知其操作的奧秘所在。

君子愛財取之有道，聽聽別人的意見，看看別人如何成為取之有道的愛財君子？他山之石可以攻錯，有為者亦若是。我想，並不是推崇大家沉溺於追逐金錢遊戲中，而是正向地、健康地、有效能地獲取財富。並且，當某日看見自己銀行存摺上的數字，因為本書作者的指引，而能在尾數增加幾個 0 的時候，發現自己更願意、更有能力，取之於社會用之於社會，運用累積的財富，一方面提升個人與家人生活品質，二方面行有餘力幫助別人、做些善事回饋社會。讓財富

的追求，顯得更有積極的人生意義。

趙世光（PDG. Archi）

扶輪社 3502 地區 2017、2018 年度總監

趙世光建築師事務所負責人

當昌哥邀請我為這本書寫序的時候，當下第一個反應是，我這麼忙哪來的時間寫這序呢？但第二秒馬上想到很多有關昌哥的種種生活片段，我想這序我應該要寫。

因為認識昌哥這幾年來，上過昌哥無數次課程，昌哥的每本書我也都看過，常常在生活中會跳出昌哥的某句話，讓我突然的解惑。所以是我最愛的講師作家，我當然要好好的推薦給大家～

第一次上昌哥的課程，影響我最大的一句話是「反應太快是一種病」。還記得在昌哥演唱俱佳的表演下，我是笑到不行，但沒有特別去記得這句話。在日後某一天業務跟我回報工作時，我又像平常一樣激烈的反應，並且開始訓示業務，腦袋突然跳出昌哥那天的表演情景，原來「反應太快真的是一種病」，這時我就懂，能夠讓你吸收反省的，才是真正的教練！

這本書用生活化的方式，把業務應有的心態與技巧說明清楚，但建議除了看這本書，一定也要認識真正的昌哥，因為當認識了昌哥，在看書的同時，昌哥爽朗的笑聲與他的戰鬥力會不時地在你眼前，就像昌哥在身邊不斷的叮嚀打氣，更能感受到書的精華～

相信我看完這本書，你也會愛上大家都愛的昌哥～

全國不動產板橋店總經理　榮翠華

持續進修學習，是成功人士必備的條件

「成功的人找方法，失敗的人找藉口」是鴻海董事長郭台銘的名言，也是面對錯誤發生時的最佳寫照。勇於承認錯誤，並努力思考改進之道，就能從錯誤中學習成功的方法。

我們不能選擇出生的環境、家世以及先天的資源，但我們可以選擇以後的人生努力的方向，用自己的力量創造後天優勢。有的人會抱怨自己身世背景不好、抱怨家中沒錢、甚至抱怨父母的教育程度不高等等。總之，自己之所以沒有成為大企業家，不是因為自己沒能力，而是先天條件不如人。這樣的人，東抱怨西抱怨一堆的，卻從來沒有想過要反省自己。

其實，無論是含著金湯匙出生，或者是曾經創業有成，但後來不幸失敗者，都是「過去」的事蹟。寫在日記本裡可以，但拿來當為日後是否成功的依據，那就太不切實際。真正能夠成功的人，都會拋開過去，以前「經驗」不重要，好的壞的都一樣，未來才是重點。想想未來要怎麼做，才有機會邁向成功。

假設一開始起跑點就比人家晚，那就急起直追，可以透過參加社團擴展人脈，參加進修課程，提升自己視界，讓自己有全新的方向。永遠不要讓自己沉溺在舒適圈裡，包括緬

懷往事，都算是一種舒適圈。

心中可以這樣想，我們挑戰一件事，如果成功了，就會有成就感。萬一挑戰失敗，其實也能得到許多帶來滋養的養分，做為下次換跑道的借鏡與經驗累積。

對年輕朋友來說，我要鼓舞你們不要害怕走出去。事業成功沒有秘訣，勤勞是一個必備的功課，此外，要懂得跟客戶溝通，站在客戶立場為他想事情。任何業務都一樣，到頭來，成功的頂尖業務，就是能夠滿足客戶需求的業務。

持續進修學習是成功人士必備的條件，我在兩岸從事教育訓練工作長達 20 年，無數的學員走出《艾美普訓練》教室後，邏輯思緒更清楚、溝通表達更順暢、舞台魅力也脫胎換骨，不僅人際關係越來越好，團隊合作的績效也更上一層樓，這是奠定他們未來成長與成功的關鍵。

《華人好講師大賽》在 2021 正式邁向第 9 個年頭。在兩岸培訓界得到認可與支持，賽事蓬勃發展，吸引了各界菁英來參加，多年來培養了無數熱愛培訓，樂於分享的好講師。這個華人講師交流的大平台，現已發展成為兩岸華人培訓行業的頂級賽事。賴老師在 2019 參加大賽，挑戰自己，最終得到台灣區 30 強講師稱號，他常提到大賽讓他成長不少，也因此結識許多好友，打開人生視野，現在還有機會出書，與大眾分享他的心得與收穫。

這本書由兩位業務經驗豐富的老師共同合作，不僅藉由

故事實例作情境演練，還透過兩位高手對談，描繪業務失敗的原因及傳達成功的心法，最後加上「行銷便利貼」的重點複習，可以讓想從事業務工作的朋友驅吉避凶，大幅縮短學習的時間，是相當推薦的工具書。

吳佰鴻
•華人好講師大賽 創辦人
•艾美普訓練 總經理
•臺北市企管顧問職業工會 創會長
•台灣線上數位學習協進會 創會長

演而優則導，是形容一位優秀的演員發展到後來就會變成一位導演；而一位優秀的球員也很容易到後來會變成一位教練；

所以一位優秀的業務人員到後來也一定會擁有自己的團隊，走向管理職。

但一位優秀的業務，能不能成為一位優秀的領導人就不一定囉。

我從 24 歲做業務 25 歲開始帶團隊至今，也有超過 25 年以上的時間了……

從什麼都不懂只會往前衝的業務小白，到百萬年薪的超業；再從單打獨鬥，到團隊合作後的百萬月薪團隊領導人；這中間有許多的汗水與淚水、許多的挫折與困境、許多的經驗與技巧、許多的細節與秘訣。

一直想把它整理出來讓大家可以早日成長，少浪費一點時間與金錢，於是我開了很多的課程，有線上也有線下實體課程，但一直沒有集結成冊。

某次在我的課程中，政昌提及有出書的計畫，這麼優秀

的年輕人有這個夢想我當然也想助他一臂之力，

由於阿昌也是很棒的超業及領導人，幾次的討論與「華山論劍」之後，這本書就這麼出來了。

這本書不敢說解決了大家所有的問題，但我想銷售與帶團隊 80% 的問題也差不多都在裡頭了。

期待這本書能成為大家銷售及帶團隊的百科全書，也能成為你們團隊早會以及讀書會的研討書籍。

這就是我與阿昌最快樂的事了。

　　從事業務銷售超過 14 年的我，近幾年逐漸的轉型成為教育訓練講師，從銷售到授課講師之間，最大的差別在於一份演講稿。

　　每當跟企業、公司、行號討論一門新的課程與授課內容時，企業主總是詢問我，要如何培養出一個超級業務與團隊領導者，他們需要累積什麼樣的能力與銷售技巧，才可以提升業績與收入，有哪些是現階段必須學會的？有哪些是未來必須逐步培養的。多年授課下來，也為自己累積了許多寶貴經驗與實戰心得。

　　這次之所以會出書，其實有三個主要原因：

　　首先，現階段的我，除了是教育訓練講師，也是建設公司的高階經理人，目前旗下也帶領了一支業績還不錯的業務銷售團隊，在領導團隊的過程中，也制訂出一套業務實戰教學的 SOP，為的是方便複製與傳承。而這套實戰教學的 SOP 也公開的納入到這次的新書之中，分享給跟我一樣從事業務銷售與團隊領導的高階經理人，有一個可以參考的書籍。

　　再來就是為了我那唯一的寶貝女兒蓉萱，她目前小學三年級，住在宜蘭蘇澳的農村中，她的母親在我人生最低潮時，帶著僅 1 歲的女兒離開我！我不怪她，只怪我自己努力不夠，無法給予這個家經濟上足夠的安全感，也讓我跟女兒長期的分隔兩地。

　　有一回女兒在 YouTube 看到我的演說影片時，很開心的

分享給她的同學，並跟同學說這是我爸爸，讓我感到驕傲。再加上有一回在我演說結束後，女兒竟馬上給了我一個鼓勵的吻，讓我倍感窩心。而這次寫書，也是期許自己能做到身教重於言教，給予女兒一個正向學習的成長環境，並讓女兒知道，爸爸正努力成為她的表率。

最後一點也就是最重要的一點，就是能跟暢銷書作家黃正昌老師合作出書，他過往的幾本暢銷書《30秒打動人心》、《一開口就讓人喜歡你》、《愛藏在這裡》、《教養相對論》等，部部賣座，也讓我有幸能夠站在巨人的肩膀上學習與成長。這是我的第一本，也決不會是最後一本，在我完成這本著作的同時，其實我也正開始著手撰寫第二本書了！期盼能把過往的所學所長，都能夠一一的記錄在書中分享給一起打拼的你我！

期盼這本書，能讓每個從事業務銷售與團隊領導人都能夠少走一些冤枉路，讓自己的職場生涯再創高峰！

目錄・CONTENT

銷售的第一步・33

領導者與業務銷售的觀念與心態

銷售的第四步・183

打造你的團隊

銷售的第一步

領導者與業務銷售 的觀念與心態

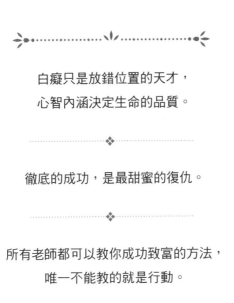

白癡只是放錯位置的天才，
心智內涵決定生命的品質。

❖

徹底的成功，是最甜蜜的復仇。

❖

所有老師都可以教你成功致富的方法，
唯一不能教的就是行動。

01 為什麼我的目標總是無法達成的 6個原因？

> 什麼叫目標？
> 朝思暮想、做夢都想、時刻都想，而且一想起就熱血沸騰，這才叫目標！

阿昌（賴政昌，以下同）：過去我曾帶領過許多的業務夥伴，發現不少旗下的業務總是來來去去，有些或許待得久的，業績卻也只是普普通通，總是不見起色！有時業務他們在設定目標時，喊出來會嚇死人，做出來卻是笑死人！昌哥，對於這方面你有什麼想法與建議呢？

為什麼我們的目標常常無法達到，因為總認為昨日種種譬如昨日死，今日種種譬如今日生！昨天已經過去了，過去真的過去了嗎？

昌哥（黃正昌，以下同）：過往許多時候我們都會給自己設下許多的目標，年度目標、月目標，週目標！如果你只是個上班族，公司其實都會給予你工作進度與目標，上司主管也會逼迫你必須達成目標，所以對於標準上班族而言，或許會相對容易被要求必須達成目標。

但這裡探討的，時常無法達成目標的反倒是自由業者，

像是業務、SOHO 族……等。不但需要自己訂定目標，且通常上面是沒有老闆的，也沒人能逼迫你！只能靠的是自我管理！而這些自由業者，通常無法達成目標的原因如下：

1. 不敢設定也不敢說出來：通常最主要的原因是怕被嘲笑。名作家九把刀曾說：「喊出來沒有被笑的目標，是沒有值得實現價值的！」

這意思是大家必須要有遠大的目標！只是過往我們從小到大，常設下遠大目標，卻也經常無法達成！以致於總是被身邊的人嘲笑，他又在畫大餅了！

所以請勇敢的吶喊出來，並告訴全世界的人，你要向宇宙下訂單，告訴這個世界你的目標是什麼！你一定會達成目標的！

2. 過去有過挫折的經驗：恐懼與挫折感導致許多人不再設定目標完成目標！每當要跨出去前就被過去的恐懼與挫折吞噬淹沒了！過去痛苦的感覺，羞恥的感覺卻再再的影響著我們設下一個新的目標，於是如果你沒有去陪伴當年那個受到挫折、失落、被嘲笑、感覺很羞恥的自己，你就沒有力量再往前進！

沒有承受過重擔，永遠不知道生命耐力有多強，沒有經過試煉，永遠不知道生命潛力有多深，沒有遭受過失敗，永遠不知道成功究竟有多甜美！

3. 目標經常換來換去：過去身邊不少從事傳直銷的朋友，做沒多久就換家，這次來找我時，跟我分享 A 公司，下次找我時，又跟我分享 B 公司，不是我們不給對方機會，而

是遇過不少人，總是人云亦云，一開始信誓旦旦講了一堆目標，但是過沒多久遇到挫折就無法達成，遇到他人質問你，為何無法達成，是要把真正問題源頭找出來，而不是老是換來換去的！

當你下定決心大幹一場時，世界會為你讓路，讓身邊的朋友知道，你這次是玩真的！

4. 沒有破釜沉舟的決心：為何一直無法前進，是因為你還沒受夠！安東尼 · 羅賓曾說過，人生這輩子追求的就是愛、恨、恐懼以及利益，如果這樣都無法激勵你前進，那你只能庸庸碌碌的過一生！

事實上成功的道路上並不擁擠，或許你只想庸庸碌碌也沒關係，很多人可以陪伴你的，不敢設定怕被笑，你就只能繼續如此而已！你總是要找到一個讓自己有動力的動機和理由，有人說我都沒動力設目標，找到動力的方式就是透過愛、恨、恐懼和利益。

愛：為了我愛的人做努力，可能是家人也可能是孩子！

恨：我一定要贏過他，我一定要讓他刮目相看！

恐懼：萬一我老了沒錢怎辦，萬一我付不出房貸怎辦？

利益：完成這些目標之後，我可以實現哪些夢想？是不是可以環遊世界？提早退休……等。

這些都能加速我們變得更有動力！

5. 這目標不是你要的：可能是別人鼓勵你的，也許只是想說，那我試試看好了，結果做了之後似乎又好像不是，有時又得為了五斗米而折腰，但是後來又看到其他機會似乎也

可以進帳五斗米，就想說那我不一定要在這裡，試試看其他的好了！總是會讓人覺得虎頭蛇尾三分鐘熱度！

所以這目標是不是你要的？你必須找到你要的，並清楚設下你要的目標，不要衝動答應！不要憑感覺答應！更不要答應以後又自打嘴巴！不輕易設目標，不輕易流標！喊目標前先思考一下，思考一下再決定要不要！在思考的過程中也可以請教教練，在設目標時有很多細節與小訣竅，最重要的是，你有深思熟慮這真的是你要的目標嗎？

好比想學書法，寫了兩下又放棄了，學直排輪，跌倒後又放棄了！學吉他感覺好帥喔！做了幾下又放棄了！在年輕時可以這樣，多嘗試找到最愛的！但是如果你不年輕了，你還不知道你的目標是什麼嗎？好好的去思考一下，你的人生有多少十年可以這樣蹉跎？這就是恐懼！你幾歲了？很多時候世界還沒聽你的，身體可能就已經不聽你使喚了！你有規劃了嗎？你有朝這目標前進了嗎？所以在設定目標的過程裡面，你清楚知道你要的嗎？還是你一意孤行，沒有設停損點與停利點，這些你都必須要事先搞清楚，如果沒有搞清楚就會常常流標一事無成，更應該要勇敢的設下你的目標！

6. 雜事太多，情緒太多：不懂利用 80/20 法則做分類，更不懂得運用 262 法則精髓，什麼都要，這不肯放、那也不肯放，這不錯那也不錯！雜事一堆，這想學那也不放棄！聚焦是一個很重要行為，雜事太多，情緒太多你將一事無成！

阿昌：的確，太多的人也因為這6大原因，始終無法達成目標！回想過往，我之所以能達成目標的最主要原因，就

是愛、恨、恐懼以及利益。

愛：8 年前我曾因為投資失敗，也間接的失去過一段婚姻，當時我的女兒僅僅才 1 歲大，卻長期不在我身邊！我人生最大的遺憾，就是無法爭取女兒回到我身邊，陪伴她成長，我努力賺錢努力打拼，就是為了這唯一的寶貝女兒！每當女兒看見我在演講，她總是會依偎在我身邊親我一下，跟我說，爸爸你好棒！這是一種對我的鼓勵，以及愛的力量！

恨：「徹底的成功，是最甜蜜的復仇」，這句話我總是提醒著自己！過去從事傳直銷時，許多的人曾潑過我冷水，最終我確實在該領域達到高峰。

在婚姻上我也曾經觸礁！甚至對方還曾找算命師算過我的命，說我這輩子再也無法翻身，毅然決然的選擇離開我！經過幾年後，事實證明，我未被命運擊倒！我是可以讓對方看走眼的！

恐懼：人生兩大不幸——

一、錢花完了，人卻活得好好的！身上沒錢必須要靠社會救濟。

二、人死了，卻債留子孫！

我們終究會老，我害怕我老了沒錢，像足球般被踢來踢去的！如果有看過《錢不夠用 2》這部電影的就懂，我希望成為有尊嚴的老人！我更不想債留子孫。

利益：完成目標和夢想，始終是我人生最大的心願，「尋求精彩人生，創造不平凡未來」，是我對自我人生最大的期許，完成夢想的前提，必須身上要有錢！賺錢的目的是為了實現自我價值！所以驅使我達成目標就是為了賺更多的錢！

行銷便利貼

　　1. 不敢設定也不敢說出來：勇敢的吶喊出來，並告訴全世界的人，你要向宇宙下訂單，告訴這個世界你的目標是什麼！你一定會達成目標的！

　　2. 過去有過挫折的經驗：沒有承受過重擔，永遠不知道生命耐力有多強，沒有經過試煉，永遠不知道生命潛力有多深，沒有遭受過失敗，永遠不知道成功究竟有多甜美！

　　3. 目標經常換來換去：當你下定決心大幹一場時，世界會為你讓路，讓身邊的朋友知道，你這次是玩真的！

　　4. 沒有破釜沉舟的決心：成功的道路上並不擁擠，找到動力的方式就是透過愛、恨、恐懼和利益。

　　5. 這目標不是你要的：什麼叫目標？朝思暮想、做夢都想、時刻都想，而且一想起就熱血沸騰，這才叫目標！

　　6. 雜事太多，情緒太多：利用 80/20 法則做分類，運用 262 法則精髓，聚焦是一個很重要行為！

02 你從事業務銷售工作的動機是什麼？

> 人生最重要的不是現在你所處的位置，而是你移動的方向。

昌哥：阿昌，過去我知道你擁有不錯的學歷，且又曾經是一個科技新貴，是什麼樣的起心動念，驅使你轉戰到業務工作呢？

阿昌：昌哥我記得你曾跟我分享過一段話「點頭、轉身、走自己的路」，我非常喜歡這段話！

你說過，對父母我們要尊重，但是我們的人生我必須自己承擔與負責！因為他們只能給我生命與教育，卻不能陪我走一輩子的路！我的人生我自己選擇！

對很多人來說，科技產業的收入人人稱羨，業務的不穩定性，讓許多人望而卻步！甚至常有人說，業務工作，國中畢業就可以做了，又何必念到研究所後才來做呢？

十幾年前，有個朋友分享一段話給我，他說：「如果你不滿意你現在的生活，你就要不滿意你三五年前所做的決定，如果三五年後你想過不一樣的生活，你就必須從現在去做改變」！

我滿意我的現況嗎？我不滿意，我不甘心過一個一眼望到底的人生！我渴望改變，我還有夢想！

剛轉戰到業務工作時，我的家人的確非常不能諒解，因為他們覺得當初供我唸到研究所，無非就是希望我能夠擁有穩定的收入！但沒想到我竟不知足……

回想起 14 年前是我離開科技業工作的日子！

我辭職正式進入業務領域時，卻是我生命中最可怕的一天！

從那天開始，我不再有穩定的薪水，不再有勞健保，不再有特休或是病假。而我的收入也變成了零！更糟糕的是，我不知道，在得到另一份穩定收入之前我到底還能捱多久？或許要好多年，或許今年都過不了。

且在我辭職的那一刻，我才明白為什麼那麼多的工作者，不願意放棄一份穩定的工作，那是因為害怕自己沒錢，沒有保障的收入，沒有穩定的薪水……因為很少有人能在沒錢的狀況下維持很久。

當我離開工作後的那幾天，家人的不支持與不認同，甚至說我本末倒置，使我那段期間的心情更加低落，低落到我很想放棄自己的人生和目標，我不知道我這樣的決定是不是太衝動或者太傻，至少家人認為每月五、六萬、上下班準時又輕鬆、離家又很近（五分鐘車程）的工作是人人稱羨的，

我卻還不懂得珍惜！

　　但我知道我要的不是只有這些，因為我有夢，我不甘心永遠當個上班族，我不甘於我的生活過於平淡無奇，甚至我希望在我的生命中有更多的挫折！所以我毅然決然的離開那份穩定的工作！唯一能讓我繼續撐下去的理由就是「目標和決心」！改變是痛苦的，但不改變我必將痛苦一輩子！

　　「尋求精彩的人生，創造不平凡的未來」是我對我人生的期許！只要我信心不減，我依然可以完成夢想！

　　從事業務工作 14 年，包含中間曾經創業過，我的人生確實像雲霄飛車般起起落落，也讓我失去過一段婚姻，但慶幸的是，我並未因此被擊倒！因為我始終相信，只要在生命的轉折中，堅持自己的信念！我必將再起！

　　昌哥：阿昌，聽完你的故事後，發現你很有決心！現在回頭來看，對於當時的選擇也非常正確！

　　從這過程中，我們都知道改變確實是痛苦的，但不改變將會痛苦一輩子，所以你選擇了改變。有句話是這麼說的：如果你不抬頭看天上的星星，你的夢就不會跟你到天邊，如果你不相信奇蹟，世上的事多半與你無緣，如果你不用力改變，你就不能看見自己潛力無限，阿昌你確實發揮了你的潛力。

　　阿昌：相信才有力量，我始終相信只要肯努力，未來一定會更好！因為一點一滴的累積，將會造就他人之後的望塵

莫及！

　　我很開心我當時鼓起了勇氣，也很開心我已經搭上夢想列車。

　　過去的我，確實努力追尋著自己的夢想，設想著萬一失敗了，我坦然面對，因為我知道只要我信心不減，幾年之後又會是一條好漢，到了 60 歲後的我，回過頭來看看年輕時的自己也不後悔，因為我曾經勇敢的去追求自己的夢想！

　　你是否也有目標及夢想去追尋呢？趁著自己還年輕，還有跌倒的本錢時去做，千萬不要到了年華已去時才去做，那時所承擔的風險將會更大！

　　而你從事業務銷售工作的動機又是什麼呢？

行銷便利貼

　　1. 我們必須釐清自己選擇從事業務銷售工作的動機是什麼？

　　2. 啟發你改變的決心又是什麼？

　　3. 家人朋友是否會影響你改變的決心？

　　4. 寫下你的目標！

　　5. 畫出你的夢想吧！

03 如何透過人格特質分析 PODA 知己知彼

> 　　白癡只是放錯位置的天才，心智內涵決定生命的品質。
>
> 　　千里馬終需得遇到伯樂，如果你想成為別人的伯樂，你就必須要了解每個人的人格特質！

　　阿昌：在團隊領導中，我們發現其實每個人面對問題時，有著不同的思考邏輯與應對方式！而且人的性格百百種，有內向、外向、積極、被動……。有時不同的性格需要用不同的方式做溝通，才能達到效果，甚至每個性格的人，有他適合的角色與位置。

　　我們都知道領導者必須學會因材施教這道理，團隊領導人若能透過人格特質分析，進行對症下藥，或許在領導起來更能夠得心應手！

　　昌哥，我知道你在外面的公開課程中，有一堂是有關人格特質分析的，主要是讓每一個人知道自己的人格屬性與優劣勢，透過瞭解自己，逐漸找出對自己最有利的方向發展，並協助自己快速找到工作上成功的秘訣。

　　而這本書中的內容，也提到策略是針對不同屬性的人，該要有的引導方式！關於這點，昌哥你能否透過這

篇，來簡單的跟我們分享人格特質分析呢？讓不同屬性的
人都能運用自己的優點！逐漸闖出自己的一片天！

　　昌哥：根據人格特質這方面內容，實際上他可以完整的
寫上一本書，甚至需要兩整天的課程才足以解析完成！這裡有
機會鼓勵大家，可以另外的學習。但礙於篇幅的限制，我就稍
微跟讀者分享，人格特質分析是怎樣的分析方式，這對於銷售
業、業務、徵員、帶人、團隊……等，都是很好的武器。
　　人格特質可以更清楚知道如何與上司、部屬及同仁間的
相處，同時可以擴大應用到兩性、親子、朋友間的關係改
善！並提升自己自信能力，逐漸獲得更多的肯定。

───────◎───────

　　人格特質分析PODA（全名：Personal & Organization
Distinction Assessment），這是把人一生下來與生俱來的能
力，區分成五種動物屬性之學術研究。這五種動物為老虎、
海豚、企鵝、蜜蜂、八爪章魚。

┄┄┄┄┄┄◆┄┄┄┄┄┄

　　老虎特質：通常企圖心很強烈，有目標、勇敢、喜歡冒
險、個性積極、競爭力強、主導性也比較強、行動力十足、
勇往直前，不怕挫折、不怕挑戰，凡事喜歡掌控全局發號施
令，不喜歡維持現狀，目標一經確立便會全力以赴。
　　個性優點：老虎好勝的天性，有時會成為工作狂！擅長
控制局面，並能果斷地作出決定。
　　個性缺點：決策上較獨斷獨行，不易妥協！也較容易與

人發生爭執摩擦。比較不顧他人的情感。

老虎型領導人：向來以權威作風來進行決策，當其部屬者，除了要高度服從外，也要有冒險犯難的勇氣，為其殺敵闖關。最適合開創性與改革性的工作，在開拓市場或需要執行改革的環境中，最容易有出色的表現，在工作上通常也比較成就非凡。說話快速且具有說服力，競爭力強、好勝心強、積極自信，是個有決斷力的領導者。只要認定目標就會勇往直前。

❖

海豚特質：熱情、分享、非常喜愛歡樂的海豚，永遠會是團隊裡的開心果，在主持尾牙時的變裝秀，模仿秀。好吃好玩的事情，他都會盡情的跟人分享！熱情洋溢、口才流暢、重視形象，善於人際關係的建立，富有同情心。

個性優點：此類型的人生性活潑，能夠使人興奮，善於建立同盟或搞好關係來實現目標。他們很適合需要當眾表現、引人注目、態度公開的工作。

個性缺點：因其跳躍性的思考模式，常無法顧及細節以及對事情的完成執著度。

容易過於樂觀，往往無法估計細節，在執行力度上需要高專業的技術精英來配合。對海豚要以鼓勵為主給他表現機會保持他的工作激情，但也要注意他的情緒化和防止細節失誤。

海豚型領導人：天生具備樂觀與和善的性格，有真誠的同情心和感染他人的能力，以團隊合作為主的工作環境中，會有最好的表現。在團體中都是人緣最好和最受歡迎的人，

且最能吹起領導號角與鼓舞人心的人。

上司海豚特質：對其領導必須謙遜得體，不露鋒芒、不出頭，盡可能把一切成功光環都給予海豚上司，做下屬的也必須跟著海豚領導者，快樂於工作中。

下屬海豚特質：天生具有號召理想的特質，在推動新思維、執行某種新使命或推廣某項宣傳等任務的工作中，都會有極出色的表現。他們在開發市場或創建 業的工作環境中，最能發揮其所長。

代表人物：孫中山、克林頓、雷根、戈巴契夫都是這一類型的人，美國是海豚型人最多的國家。

❖

企鵝特質：和諧、合作，具有耐心等待身邊的人，不愛競爭與計較，事事都會替他人著想，比較是屬於溫良恭儉讓，對事情的思考都是偏向中、長期！很穩定，夠敦厚，溫和規律，不好衝突！行事穩健、強調平實，有過人的耐力與善良。

個性優點：他們對人的感情很敏感，這使他們在集體環境中具有左右逢源的效果。

個性缺點：很難堅持自己的觀點，做決定的速度比較緩慢。

企鵝型領導人：企鵝型領導人強調的是無為而治，與周圍的人和睦相處而不會樹立敵人，是極佳的人事領導者，適宜在企業改革後，為公司和員工重建互信的工作。由於企鵝具有高度的耐性，有能力為企業賺取長遠的利益，適宜當安定內部的管理工作。

上司企鵝特質： 他敦厚隨和，行事冷靜自持；生活講求規律，但也隨緣從容，面對困境，都能泰然自若。

下屬企鵝特質： 多給予關注和溫柔，想方設法挖掘他們內在的潛力。屬於行事穩健，不會誇張強調平實的人，性情溫和，對人不喜歡製造麻煩，不興風作浪，溫和善良。

代表人物： 印度的甘地、蔣經國、宋慶齡都是此類型的人。

◆

蜜蜂： 分工、分析、紀律、倫理，凡是實事求是，有一分證據說一分話，不喜歡浮誇的人，喜歡按部就班、尊師重道、有調不紊，凡是講求章法、講求道理！傳統而保守，分析力強，精確度高是最佳的品質保證者，喜歡把細節條例化，個性拘謹含蓄，謹守分寸忠於職責。

個性優點： 清晰分析道理說服別人很有一套，處事客觀合理，天生就有愛找出事情真相的習性，因為他們有耐心仔細考察所有的細節並想出合乎邏輯的解決辦法。

個性缺點： 有時會鑽牛角尖拔不出來，會讓人覺得吹毛求疵。甚至為了避免做出結論，他們會分析過度，把事實和精確度於感情之前，反而會讓人覺得冷漠，不易維持團隊內的團結精神和凝聚力。

蜜蜂型領導人： 喜歡在安全架構的環境中工作，且其表現也會最好性格內斂、以規條為表達工具而不大擅長以語言來溝通情感，同事和部屬做指令。

上司蜜蜂特質： 他行事講究條理分明、守紀律重承諾，是個完美主義者，具有高度精確的能力，其行事風格，重規

則輕情感，事事以規則為準繩，並以之為主導思想。

下屬蜜蜂特質：行事決策風格是以資料和規則為其主導思想，其直覺能力和應變能力都偏低，隨而創造和創新能力也相對地弱，因而不宜擔任需要創建或創新能力的任務。

代表人物：古代斷案如神的包青天，是此種類型的典範。

❖

八爪章魚：圓融、老二哲學、面面俱到，什麼事情都會覺得，我再想看看，不一定喔！都可以唷！我都好！吃什麼不重要，重要是跟你一起吃就行！不太有特別主觀想法，很能夠適應別人，也能夠適應環境！不會只是單純重視一件事情，喜歡面面俱到，什麼都重視。

個性優點：綜合老虎、海豚、企鵝、蜜蜂的特質，看似沒有突出性格，但擅長整合內外資源，沒有強烈的個人意識形態，是他們處事的價值觀。善於在工作中調整自己的角色去適應環境，具有很好的溝通能力。

個性缺點：會覺得他們較無個性及原則。

八爪章魚領導人：中庸而不極端，凡事不執著，韌性極強，擅于溝通是天生的談判家，他們能充分融入各種新環境新文化且適應性良好。

上司八爪章魚特質：部屬會難以忍受其善變和不講原則的行為；當他們上司者，則會日夜擔心不知何時會遭其出賣。

下屬八爪章魚特質：沒有突出的個性，擅長整合內外資訊，相容並蓄，不會與人為敵，以中庸之道處世。他們處事圓融，彈性極強，處事處處留有餘地，行事絕對不會走偏鋒

極端，是一個辦事讓你放心的人物。

代表人物： 中國前總理周恩來、美國前國務卿基辛格、諸葛亮都是這種類型。

———————————◎———————————

阿昌：確實，透過這樣精確的人格特質分析，確實更能夠清楚自己以及團隊夥伴的屬性，與合適的溝通方式，像是我經過測驗後，就屬於標準的老虎帶有海豚特質，不怕挫折、也不怕挑戰，明確的目標是我的持續向前的動力來源，如果一旦失去了目標，我就會慵懶的躺在草原上！好勝的天性，確實使我成為工作狂！我可以完全不用休息，卻不能沒有目標！另外帶有海豚特質是，我屬於熱情洋溢好動、再加上口才流暢，讓我更熱愛於舞台演說上的種種表現！

行銷便利貼

老虎特質： 勇敢、挑戰、積極

海豚特質： 熱情、分享、樂觀

企鵝特質： 耐心、和諧、合作

蜜蜂特質： 品質、程序、分工

八爪章魚特質： 整合、周延、彈性

04 為自己找出一個非成功不可的理由

> 徹底的成功，是最甜蜜的復仇。
> 成為孩子的表率，身教重於言教。

昌哥：過去我們看過不少成功者，背後都會有一個強烈的理由，讓自己非成功不可，阿昌你可以分享一下，你非成功不可的原因是什麼？是什麼樣的理由驅使你持續前進？

阿昌：我想這應該要分成三階段來分享了！

第一階段是，14年前我剛踏入業務工作時，當時我因為從科技轉戰業務，在完全不被看好的情況下開始進入到業務領域工作。我印象中最深刻的一次就是我打電話邀約我前科技業的同事，當時只是單純的希望他能給我機會聽我分享產品，結果電話那頭他竟立馬的回絕，並告訴我說，阿昌，你就別再跟老同事們聯絡了，大家聽說你越混越回去，沒事好好的科技新貴不當，竟跑去從事傳直銷老鼠會的工作，大家看到你的電話肯定嚇都嚇死了。

電話掛完的當下，我難過得掉下淚來。為何他們竟連給我說明的機會都不給我！我心中吶喊著，事實上真的不是你們所想的那樣好嗎？可以給我一次機會讓我說明嗎？

即使我有千百個說詞可以證明我的選擇是對的，但卻都無法讓我開口。

之後在一次的課程學習中，聽到了一段話，那段話是這樣說的：「徹底的成功，是最甜蜜的復仇！」

是的！最好證明自己的機會，就是達到成功！

經過大約三年左右，我也確實在該組織行銷公司，晉升到不錯的聘階，一個月的收入也超過許多上班族月薪的三倍。之後我再回去找之前科技業的同事，他們很意外的發現，我竟還在該公司，而且沒想到狀態還越做越好，最後當然他們也很願意給我說明的機會，最終大部份的舊同事也都成為了我的顧客，甚至有些加入跟我一起合作，成為了我的團隊夥伴。這是我第一階段非成功不可的理由，那就是「徹底的成功，是最甜蜜的復仇！」

第二階段是 9 年前，我曾經有過一段婚姻，在我事業最低迷時，她曾請命裡師算過我的命，得到的結果是，我賴政昌這個人，這輩子不會再翻身了。她之後把這件事情告訴我，希望我能安分守己，好好找份工作去上班，由於年過35 歲的我，她希望我能去找個穩定三、五萬收入就行，別老是再想著那不切實際夢想什麼的這件事情，希望我能務實一點。

當時的我因為心中的不甘與不願意放棄，我們之間未能達成共識，於是她相信算命的，並毅然決然的帶著女兒離開我的身邊。

我當時非常的難過，但並不怪她，因為她希望得到的是穩定的生活與收入，而我渴望的是成功與夢想。

　　「人生的精彩，在於生命轉折中仍堅持自己的信念」這句話勉勵著我，為了積極證明自己是有改變能力的，我不斷的大量找尋機會，嘗試機會，最終因為進入到房地產的領域後，選對工具找對平台，再加上遇見貴人，確實讓我找到施展舞台的機會，也逐漸的讓我再創高峰！這是我第二階段非成功不可的理由：「人生的精彩，在於生命轉折中仍堅持自己的信念」。

　　第三階段，我想驅使我非成功不可的理由，就是我那唯一的寶貝女兒吧！在她一歲時，我與她的母親分開了！由於扶養權與監護權是因為我不想再吵的原因，禮讓給對方。由於長時間女兒並不在我身邊，我始終對女兒有割捨不下的牽掛！或許是因為巨蟹座的我，重感情，也重親情，這九年來持續每月的蘇澳、中壢兩地跑，為的是不想斷掉我跟女兒間的親情與情感。

　　四年前我在板橋領航健言社進行跨社比賽時，拿下了跨社冠軍，那年女兒 5 歲，有陪著我去，當我確定拿到冠軍當下，女兒跟我說，爸爸你蹲下來，我想說怎了？她竟馬上就在我臉頰上親了一下，跟我說：「爸爸你好棒喔！」，這樣的獎勵，讓我永生難忘！之後我經常的四處演講授課，有時女兒也會跟著我去，還會幫我拍照錄影。甚至她在跟其他小朋友玩平板時，竟還會拿著影片和照片驕傲的跟其他小朋友

說，這個是我爸爸！

我想……成為女兒的表率與典範，是我非成功不可的理由！因為我始終相信，身教重於言教！這是我第三階段非成功不可的理由「成為孩子的表率與典範」。

昌哥：回想起當時我之所以轉戰業務界，是因為在叔叔工廠工作薪水才兩萬多元，卻看到我老婆轉戰業務工作後，每月超過 10 萬的收入！我就告訴叔叔你可否教導我成為工廠的業務，我不想做內勤或作業員的工作，結果他竟一口就回絕我，說我不是當業務的料，過沒兩個月後我選擇了離職。進入了台灣英文雜誌社從事業務的工作。

我為了不想漏氣，我反而把這件事當成墊腳石，為了跳得更高站得更遠，於是全力以赴，業務的第一年，我竟拿到新人獎的第一名，這對我來說就是一次很甜蜜的復仇。若我把當時被叔叔瞧不起這件事情當成絆腳石，或許我將永遠的被人看扁！

另外我媽媽也幫我做了一次很甜蜜的復仇！

有次我叔叔來到我家，就問我媽媽，你兒子做得怎樣呀？這時我媽媽說，做得好不好我是不知道啦！但是常常出國，家裡的電視、冰箱、洗衣機、摩托車都是公司送的！在你公司上班卻都一次出國也沒有，也沒看你送過什麼？我母親其實是很純樸的回答，這件事情我媽媽卻也替我出了一口氣！

當有人看我們笑話的時候，我們也不用囂張也不用逞口

舌之快，默默的持續努力為自己爭氣！我把絆腳石變成了墊腳石！端看你用什麼方式去證明自己！

行銷便利貼

1. 為自己找尋一個非成功不可的理由
2. 第一階段非成功不可的理由：「徹底的成功，是最甜蜜的復仇！」
3. 第二階段非成功不可的理由：「人生的精彩，在於生命轉折中仍堅持自己的信念」
4. 第三階段非成功不可的理由：「成為孩子的表率與典範」
5. 讓絆腳石變成了墊腳石！

05 超級業務的五個特質

依據 80/20 法則表示,一間公司 80% 的業績,
都由前 20% 的超級業務創造出來

昌哥:我們都知道,在台灣年薪超過兩百萬以上的上班族,高達七成都來自於業務工作。在企業界,也超過六成的公司主管,過去也都曾經擔任過業務。

世界知名企業家,像是郭台銘、李嘉誠、賈伯斯等,年輕時也曾是個超級業務。

阿昌就我所知,你目前在房地產界也算是個超級講師、超級業務,你分享一下,若要成為超級業務,需要具備哪些特質或是條件呢?

阿昌:關於這方面的議題,我們都知道,基本上在任何一本業務銷售書籍,或是網路上許多的文章都可以找到許多超級業務該具備的條件。

而就現實與生活面上,我曾試著觀察身邊像是傳銷業、圖書業、汽車、房地產、保險業等超級業務身上,甚至是一些成功的中小企業主,彙整出超級業務會有的特質,基本上只要具備以下這幾個特質,成功只是早晚而已。

首先是在專業知識技能：我們必須要相信，沒有客戶會願意被一個不專業的業務成交的，除非你賣的對象是你的親人。

我從事房地產銷售工作的第一年，由於房地產屬於高單價商品，再加上房地產這領域的專業知識不算少！有一回我跟朋友介紹房地產的趨勢與未來時，由於他老婆家族剛好也是從事營造業，當下問了我一些建材結構上的問題！

由於我經驗不足，我只能支支吾吾的含糊帶過！事後私下詢問我朋友，您老婆對於我們家的建案反應如何，他只跟我客氣的說，阿昌，以我們的交情我確實很想挺你，但是我老婆對你的專業知識卻很有意見！你這不懂，那不懂的，再加上你的回答很模擬兩可的，騙騙不懂的還行，剛好遇到我老婆這種有經驗的，這可不能含糊呢！我老婆說這事情等以後再說了！反正我們不急，就這樣的回絕我了！

事隔兩年後，因過去失敗的經驗，我勵精圖治，該朋友與他老婆逐漸觀察我在房產事業上有不錯的成績，再次詢問我關於房地產相關問題時，我知無不言，言無不盡，對於結構上的相關疑慮，也都熟悉透徹！他老婆也對我的專業深具信心，當然這次的成交就變得順理成章了！

在專業知識技能上，雖非是成交的必要條件，但是若要成為超級業務的這條路上，這條件可就完全不能或缺了！

第二就是業務銷售技巧：關於這點，建議把這本書的完

整內容重複看十遍，並依照這本書的每個步驟做熟練，再加上參與昌哥或阿昌的完整課程教育訓練以及累積更多的實戰經驗。我相信您的業務技巧必當與日俱增，俗話說，一點一滴的累積，將會造就他人之後的望塵莫及。

第三點也是我認為最重要的一點，就是非贏不可的強大企圖心：

十四年前，我決定從科技業的高收入轉戰到沒底薪的業務工作，因為過往沒業務銷售經驗，再加上沒業務能力，更沒有任何人脈資源情況下投入業務工作，老實說真的有點自找死路的感覺。

頭一年真的是坐吃山空，需要靠家人經濟上的救濟，才能苟延殘喘的存活。經過多次的銷售失敗後，有不少友人看輕我，甚至勸我還是回去好好上班吧！說我不是當業務的這塊料，更讓我下定決心告訴自己，唯有「徹底的成功，才是最甜蜜的復仇！」就因為這點，讓我找到非贏不可的理由。

也因為這強大的不甘心與企圖心，我願意不斷的接受失敗與挑戰，絕不輕言放棄，大量的累積失敗經驗後，再加上不斷的揣摩成功業務的銷售技巧與態度後，在業務工作中也逐漸的找出適合自己的經營模式，才開始逐步的發光發熱。

有句話是這樣說的「成功者找方法，失敗者找理由」，只要你擁有非贏不可的強大企圖心，事實上你就會找到做事的紀律、堅持的態度、持續學習的習慣、設定目標等相關的能力。另外業務銷售技巧與專業知識技能也會因你的強大企

圖心而有所提升。

　　切記：如果勢必要成為一個超級業務，非贏不可的強大企圖心是最重要的關鍵因素！

　　昌哥：從上述阿昌你分享的這三點，確實若想要成為超級業務都會是非常重要的條件，這裡我另外也想多補充兩點，若能多具備這兩點，那你絕對是個超級業務！

　　第一點豐富的背景知識：在與顧客破冰與聊天時，倘若你有豐富的背景知識，就很容易的可以跟顧客打成一片，什麼樣的豐富背景知識呢？例如你走進客戶辦公室裡，看到高爾夫球袋，你可以跟顧客聊高爾夫球的相關話題，豐富的背景知識等同你具有延伸話題的能力，表示你是個聊天高手，倘若你拜訪顧客時，一開始就事論事的聊產品話題，顧客會認為你的目的性很強，反而會讓顧客起了防備心，俗話說，先交朋友有關係就沒有關係，有交心才會有交易。廣泛的背景知識以及聊天延伸話題的能力是非常重要的，對你的成交絕對加分！

　　第二點提供服務價值：所謂的服務價值，像是你專業性的提供、例如你也懂親子問題、也懂夫妻關係、甚至還懂行銷、又或者是你也懂投資理財……等。若再加上你背後還有源源不絕的人脈價值，這對你的服務價值是大大的加分，好比我昌哥常跟朋友說，你即使沒認識醫師、律師、會計師……等。但你只要認識我昌哥一人，等於認識我背後的千

軍萬馬的人脈資源！有任何事情困難找昌哥，萬事都能迎刃而解，這就是我昌哥能提供的服務價值！

以上這兩點，是我額外覺得若要成為超級業務，也很重要的特質與條件。

行銷便利貼

1. 一間公司 80% 的業績，都由前 20% 的超級業務創造出來。

2. 專業知識技能：我們必須要相信，沒有客戶會願意被一個不專業的業務成交的，除非你賣的對象是你的親人。

3. 業務銷售技巧：建議把這本書的完整內容重複看十遍，並依照這本書的每個步驟做熟練，一點一滴的累積，將會造就他人之後的望塵莫及！

4. 非贏不可的強大企圖心：業務銷售技巧與專業知識技能也會因你的強大企圖心而有所提升！

5. 豐富的背景知識：廣泛的背景知識以及聊天延伸話題的能力是非常重要的，有關係就沒有關係，有交心才會有交易。

6. 提供服務價值：專業性的提供、懂親子問題、也懂夫妻關係、甚至還懂行銷、又或者是你也懂投資理財，若再加上你背後還有源源不絕的人脈價值，這對你的服務價值是大大的加分。

06 如何提升執行力

> 所有老師都可以教你成功致富的方法，唯一不能教的就是行動。

　　昌哥：我們都知道業務銷售最重要的關鍵就是執行力，沒有執行力一切等於零。過去我們也常形容一些較缺乏執行力的業務是「思想的巨人，行動的侏儒！」，阿昌關於執行力的部份你是怎規劃的，又是如何進行的呢？

　　阿昌：確實，沒有行動，對從事業務銷售工作的人而言，一切都只是空談。

　　回想起我的第一份業務工作，從事的是組織行銷工作，在該公司經營的第一年，我的成績確實是慘不忍睹，月收入僅有幾千元！除了缺乏人脈、業務技巧……等問題外，更重要的是缺乏具體的行動力，害怕與恐懼是我遲遲無法具體行動的主要關鍵，簡單的說，就是想太多了！

　　我為了成功，也為了改變，大量的翻閱許多的書籍與不斷的上網爬文找出一些時間管理與執行力的一些具體作法。得到的結論就是，道理人人都懂，執行起來效果實在有限，還是要端看個人的意志力去執行才會有明顯的成效。且通常這對於意志力或是自我管理比較強的人，就算不提供方法給

他們，他們也都可以做得很好。而這本書真正的目的還是要想幫助執行力比較弱的業務，如何有效的提升執行力。

回想我在組織行銷業務工作邁入第二年，我的成績開始有著明顯的成長，到了第三年更是以 30 歲左右的年紀，就達到年薪超過 200 萬的目標。而我是怎做到的呢？

簡單的說，我運用了每週一上午 2 個小時左右的時間，把這週的行程排滿，而這 2 小時的時間，盡量不讓外界任何事情來干擾我。並且在邀約前，我會先看一些正向激勵的短片，或是聽一些成功者故事的有聲書，不用太長，最多就 10 分鐘左右，目的是讓自己遠離害怕與恐懼。

不斷的催眠自己、提醒自己，當初從事業務銷售工作的目的為何，畢竟若沒有行動一切都只是零。

之後我開始設下了這週的獎勵與懲罰目標，如果這週拜訪客戶量若達到 15 位，我就犒賞自己去看一場精彩的球賽或是吃一頓美食，如果沒能達成目標，我就懲罰自己這週不能追劇或是必須掃公司廁所一週！因為達成目標是快樂的，沒達成目標是痛苦的！所以我為了追求快樂與逃離痛苦！我會想盡辦法達成它！

就這樣我開始列出本週欲拜訪的潛在顧客名單，並進行邀約。盡可能的讓自己每天的行程排滿，並且給予自己一個目標，晚上 11：00 前車頭不要朝家裡。一旦這週邀約行程排滿，無論你有任何的理由或是心情，你都得去執行，總不

可能放客戶鴿子吧！

　　我印象中最深刻的一次就是，有一天的下午，我家愛犬因腎衰竭過世，當時我聽到家人打電話來告知這噩耗，我當下其實是非常難過的。很想趕回去奔喪，但因為行程早已定下，又不能放客戶鴿子，於是收起了眼淚，一樣赴約。跟客戶洽談業務時，其實就已經把愛犬過世的事情拋之腦後！

　　這段例子我想表達的是，倘若我及早排定所有當週的行程，即使過程中突然傳出一些插曲，我也會以既定與客戶邀約好的行程為主。

　　若未提早排好行程，就很容易因情緒的轉移，而未去行動。

　　如果未能在固定的時間與穩定好自己情緒下去做邀約，很容易會因為想太多而退縮，過往我也有過不少次這樣的經驗——臨時想進行邀約客戶時，突然的會害怕與恐懼，當天就乾脆縮起來在家裡也不想行動了。

　　若能在固定的時間與穩定情緒下做邀約，事實上是很有效率的。

決心擺第一，成敗放後面！
速度擺第一，結果放後面！
結果擺第一，理由放後面！

　　昌哥你呢？關於提升執行力的部份，你又是如何做的呢？你會用怎樣的建議方式來幫助一些從事業務銷售工作的

朋友呢？

昌哥：對於許多業務如果無法提升執行力時，建議一定要請教你們那個行業的專家或是公司內有經驗的主管，當你缺乏執行力的時候，直接問該行業的成功者是最快的！

另外也可以做出公眾承諾，因為人都是愛面子的，公眾承諾在所有的目光盯著你監督你，也是可以提高執行力。

另外找出最源頭的原因是什麼？像是手機無法運作，或許是因為沒電了，一個人如果沒有動力了，不知為何而戰時，當然就可能沒有執行力

先試著問問自己，這目標是你要的嗎？還是別人逼你的呢？總之沒有執行力向來就不是單一技巧面問題，而有可能是心態面的問題，倘若能把能量找回來，把動力找回來，把熱情找回來，我想你的執行力就會出現了！

行銷便利貼

1. 所有老師都可以教你成功致富的方法，唯一不能教的就是行動。

2. 訂出固定的時間進行邀約並安排客戶見面。

3. 避免想太多，就把時間盡量排滿。

4. 追求快樂逃離痛苦，訂出達成目標的獎勵辦法與未達成目標的懲罰方式！

5. 請教該行業的專家或是公司有經驗的主管，直接問該行

業的成功者是最快的！

　　6. 做出公眾承諾，因為人都是愛面子的，所有的目光盯著你監督你。

　　7. 找出最源頭的原因，先試著問問自己這目標是你要的嗎？還是別人逼你的呢？

07 如何讓銷售像是一場電玩遊戲

> 我的工作我的生活，每天就像是一場遊戲，因為全世界都是我的遊樂場。

　　昌哥：許多未從事過業務銷售的朋友，或是才剛從事業務銷售的新手，總是對於銷售工作既期待又害怕！

　　期待的是，業務工作的收入可以是無上限的甚至有機會完成夢想，害怕的是必須面對拒絕與挑戰，甚至可能會賺不到錢！

　　阿昌，你從事業務銷售工作超過 14 年，也在業務工作上一直都有著不錯的成績，你是如何面對這樣的挫折與拒絕呢？

　　阿昌：昌哥，你打過電玩嗎？

　　昌哥：有呀！電玩超有趣的！大人小孩都愛，只要一玩起來，經常可以三天三夜都不用睡了！且每次一闖關成功，下一關都會期待新的敵人出現！

　　阿昌：如果闖關的過程中，是輕輕鬆鬆就破關了，這樣的遊戲你覺得好玩嗎？

　　昌哥：當然不有趣呀！

　　阿昌：我以前也很愛打電玩，我喜歡那種關關難過關關

過的感覺，很有成就感！

　　猶記得我的第一份業務工作，從事的是組織行銷這個行業。

　　我剛開始投入經營時，過程中總是被顧客拒絕，幾次下來我幾乎都快失去信心了。之後有一次我在學習的課程中聽到一位成功老師分享，他說，只要你設下目標，並累積一百次挫折，就一定會成功！

　　當時聽完後，想法相對單純的我，回去就馬上聽話照做的畫了一張夢想板，並在夢想板底下畫了一百個圈圈，然後貼在牆上，並興奮的告訴自己，我只要累積這一百個挫折，我就會闖關完成，並且有機會完成夢想版中的每一個願望！

　　看似很單純也很天真，但就這樣從那天開始，我每遇到一次挫折，就在圈圈上面打了一個叉。每打一個叉，我就很興奮的繼續挑戰下一個叉，開始著倒數一百個叉叉的行動計畫！

　　很神奇的事情就這樣發生了！事實上我還沒累積到一百個叉叉時，其實我設下的目標和夢想真的都逐一實現了耶！我把銷售當是一場遊戲進行！

　　我拼了命的就只想要快點累積一百個叉叉為目標，這過程中雖經歷許多的失敗與挫折，但卻也為自己累積更多的實戰經驗，因為我深信拒絕等於成功的道理。

　　我非常熱愛銷售工作。我每月都習慣性的設定這個月的目標，並把所有這個月可能的潛在客戶全部列出來，告訴自己，這個月我只要談完這些顧客，玩完這場遊戲，我就一定可以達成這個月的目標。

每一次談完，即使是被拒絕，我就在這個名字上畫一個叉叉，之後又會想馬上再繼續去談下一個客戶，不知不覺當初設定好的顧客名單都談過一遍後，目標竟又達成了！如果把銷售當成一場遊戲，只要玩得是開心的，又可以賺到我想賺的錢，大家的行動會不會就快一點呢？

　　就像我現在四處演說的工作也是，感覺好像是在工作是在付出，外人來看似乎很累，但我反而當成是一場遊戲。因為每到不同地方演講，我不僅可以結交這個地方的朋友，又可以到這座城市吃當地的隱藏版美食，所以我很期待每次的工作，當然我也會每達成目標後，犒賞自己一下，為自己下一次的目標繼續作準備。

　　或許遊戲的過程中，並非順順利利，有時確實會感到氣餒與無奈，但這樣的挑戰才變得更有趣！一旦過關後，反倒變成一種喜悅與感動！說實在的，若是太過容易的遊戲，也沒什麼值得驕傲拿出來說嘴了，你說是嗎？把工作思維轉個念，銷售其實就變得很有趣，結果也就不同了！

　　昌哥： 樂在工作其實是非常重要的，但是每一個人他對於工作能否像玩遊戲一樣，從人格特質來看，有時候會不一樣的。

　　像老虎特質的人，就很重視目標，圈圈上面打了一個叉這樣的方式，或許會很適合老虎，因為他會變得很有目標感。

　　而海豚特質的人就需要多一點玩樂，好比在工作中，若

出差去到有美食或好玩的地方，海豚就會覺得這樣的工作是很有趣的，有時海豚型的人也可以透過完成一個目標後，適度的犒賞自己勉勵自己，就會覺得這樣的工作是很開心的。

一定要有克服難關的本事，過關就是一種戰勝自己。若沒有老虎特質的人，很容易遇到挫折，挫折的時候就會批判自己責備自己。這時反而要告訴自己，我不是失敗了，我只是還沒成功，因為這些都只是過程而已。

最後在娛樂中我們好像也有工作的層面在裡面，在工作的層面上也要帶點歡樂，最後我們必須用謹慎的態度，輕鬆的心情去面對你的目標與工作！

行銷便利貼

1. 全世界都是你的遊樂場！
2. 把銷售，當是一種闖關遊戲。
3. 寫下你的目標，並列出這個月準備經營的顧客名單。
4. 每次被拒絕後，就在顧客名單上畫一個叉叉。
5. 從工作中找到樂趣（好比當地美食）。
6. 工作思維轉個念，銷售其實就變得很有趣。
7. 一定要有克服難關的本事，過關就是一種戰勝自己。
8. 遇到挫折時，要告訴自己，我不是失敗了，我只是還沒成功，因為這些都只是過程。
9. 必須用謹慎的態度，輕鬆的心情去面對你的目標與工作！

08 如何透過 PDCA 達成你所設定的目標

> 飛機降落跑道前,需持續修正微調,是為了安全的完成降落目標。

阿昌:設定目標達成目標,是所有老闆或是從事業務相關工作的人經常會去執行的,不少人很會設定目標,但是達成目標的人總是屈指可數,多半來自於缺乏有效的執行方式。昌哥關於這點,你有什麼好的建議與方法呢?

昌哥:美國管理大師愛德華茲 · 戴明提出一個很重要的研究——PDCA,這過去是針對品質工作按規劃、執行、查核與行動來進行的活動,以確保可靠度目標之達成,並進而促使品質持續改善,因此也稱「戴明循環」。這個四步的循環一般用來提高產品品質和改善產品生產過程,後來幾十年來,大家就對這研究奉行。

專家之所以厲害,就是把它邏輯化、系統化、歸納以及整理,讓我們有 SOP 可以操作,方便複製與傳承,技術等於次數的累積,幫助我們每一次透過這樣的循環做事變得更有效率。而我也透過戴明循環 PDCA,並運用在我們從事業務工作中的設定目標與達成目標上。關於 PDCA,我是怎麼解釋與運用呢?

首先，一開始我們需要設定一個渴望達成目標──

P 的英文意思是 Plan（計畫）：在這裡會針對這計畫列舉改善目標 5W2H 做進行，何謂 5W2H 呢？

What（什麼）：這個計畫我想要完成什麼任務？

Why（為何）：為什麼是這個計畫而不是別的？

Who（誰）：誰和這個計畫執行有關？

When（何時）：和計畫有關的時間考量

Where（哪裡）：和計畫有關的場合地點考量

How（如何）：計畫執行所需的相關技術配套措施

How much（多少錢）：這計畫要多少錢？

計畫詳細規劃後之後，接下來就會進行 D 這個步驟！

D 的英文意思是 Do（執行）：按計畫執行，列完目標若不去執行，這一切都只是零，做了以後你才會知道是否有問題，是否需要調整與改善，並進行 C 這個步驟。

C 的英文意思是 Check（檢核）：不斷的檢討進度並評估成果，檢查察覺有沒有跟我們實際計畫有落差的地方，Double check 或一致性的 Check。

另外 C 也可以叫 Control（控制）或是 Change（改變）。

Control（控制）意思是說不要到失控時才去控制我們的流程！

Change（改變）指的是改變的能力，而不是一板一眼一

定要這樣，並進行微調。

A 的英文意思是 Action（行動）：俗稱改善後的行動，check 完後，繼續去行動改善，並形成一個 PDCA 的循環最後再回到 P，是否上修或下修的微調我們的計畫與執行方式。

這裡用一個案例作說明——

例如：目標要辦一個夫妻成長營的活動？

Plan（計畫）：透過 5W2H

What（什麼）：這個活動希望完成什麼任務？希望促進夫妻間的情感融洽與和諧。

Why（為何）：為什麼是這個計畫不是別的？因為夫妻天下第一關，很多夫妻都有這方面困難！

Who（誰）：誰和這個計畫執行有關？是不是一定要夫妻檔才能參加？

When（何時）：時間表要出來，流程要出來，統計人數何時截止報名……等。

Where（哪裡）：勘查場地，場地如何選擇……等。

How（如何）：計畫執行所需的相關技術配套措施

How much（多少錢）：場地預算是多少？總共費用是多少？預計收多少報名費用？

Do（執行）：誰去做場地勘查，分配任務……等，負責執行者。

Check（檢核）：成立一個小群組，隨時檢視，並回報日期、確認時間、查核報名人數情況，人數若不足是否延後，若報名人數太少是否需減少支出……等。

Action（行動）：檢核完後，繼續去執行，這樣一個計畫就完成了。

不管是業務人員的徵員計畫、減肥目標或是任何行業，都可以透過 PDCA 去執行。

人世間最大的悲哀就是以為設定完目標後，目標就會完成，這是絕對不可能的。照著戴明循環 PDCA 的流程，很多事情就能水到渠成。

阿昌：我大學、研究所學的是工業工程，PDCA也是過去我擔任品管工作中，很重要的一個作業方針！即使是從是業務工作後，我也經常運用PDCA進行工作修正，例如我從事業務工作時，倘若我的目標計畫是三個月內增加50個實際有效的新顧客名單，PDCA我就會這麼運用。

Plan（計畫）：參與至少 7 個社團，熱中投入至少 4 個，平均每個社團增加 10 個有效名單，再加上透過 FB 網路大量賣自己，再增加 10 個，共 50 個名單

Do（執行）：健言社、扶輪社、讀書會、球友會、BNI、青商會、救國團……等。

Check（檢核）：每月底前檢核目前達成的進度，若效果不佳，是否要再增加社團，或是透過網路其他方式拓展人

脈。

Action（行動）：月底檢核完後，繼續去執行，檢核後的方法。

1. 專家之所以厲害，就是把它邏輯化、系統化、歸納以及整理，讓我們有 SOP 可以操作，方便複製與傳承。

2. Plan（計畫）：透過 5W2H，What（什麼）、Why（為何）、Who（誰）、When（何時）、Where（哪裡）、How（如何）、How much（多少錢）列舉改善目標。

3. C 可以是 Check（檢核）、Control（控制）或是Change（改變）

4. Action（行動）：檢核完成後的改善行動。

5. 持續從 PDCA 不斷的循環做修正，便可以減少虛耗，時時檢視問題，效能就會增加。

09 14 個設定目標以及完成目標的方法

> 沒有目標，如同沒有載客的計程車一樣失去了方向。

阿昌：我們都知道，沒目標的人，一輩子將為有目標的人工作，目標人人敢喊，達成目標的人卻是少之又少，昌哥，關於設定目標以及達成目標你有什麼好的方法，幫助許多的人，可以完成目標？

昌哥：現在的人目標為何無法完成？最根本的原因，是因為他還沒受夠。如果還沒受夠，人是不會改變的。許多的人只有口號，卻沒有行動。沒有行動一切都只是空談，當然也有些人是拙口笨舌，可是卻遍地黃金，有些人不喊口號，卻一直鴨子划水，腳的勤勞程度，比兩片嘴還厲害！

你到底受夠了嗎？如果你真的受夠了，以下跟大家分享10 種如何設定目標，達成目標的方法。

1. 目標必須是你自己要的：這目標是你要的？還是別人要你完成的呢？像是一個孩子打電動為何不用你逼？寫功課卻要你逼？孩子打電動不僅會上網查攻守策略，還會去看實況主分享哪邊有寶藏，因為破關是他的目標，所以他會很積極的找方

法找答案。減肥是你自己想減，還是別人要求你減的？而你真的找到你要的目標了嗎？你必須要找到自己的目標。

2. 目標不要只設定一個：先前不是說目標不要太雜嗎？有什麼衝突點，不要人云亦云，經常換目標，好比學運動，不要又是桌球、又是羽毛球、又是籃球，這樣目標很容易流標，同一個項目就需要聚焦，但是你可以很多項目。好比我們可以對七大能量同時設目標，簡單說我對身體我設下什麼目標，好比我要幾點以前睡覺，我手機要少碰，保護眼睛，一週運動幾次，飲食上面我要注意什麼，同樣對身體我有什麼目標在事業上面，除了本業外，我要如何增加收入……等。在可以親子方面的，跟父母方面的、閱讀……等設下目標！

3. 相信才看見？還是看見才相信：你是先相信後看見，還是先看見後相信呢？好比你想要交女朋友，我們知道，如果個人形象不好是比較難吸引女生的目光，你是要等到女孩喜歡你，你才去改變自己的形象？還是我們先改變自己的形象，才去吸引或追喜歡的女生呢？究竟是用什麼吸引好的事物呢？

窮人思維是：先有錢才去學習！富人思維是：我學習了才會變有錢！

4. 寫下完成目標可以得到的 5 個好處，以及 5 個沒完成的後果：假設我現在要減重，我必須要寫下我減重後有哪些好處，倘若沒瘦下來，會有哪 5 個後果呢？最後並貼在牆壁上，讓自己經常看見，並在視覺上產生效果，並進入潛意識狀態。

5. 公眾承諾：公開宣言，全民監督，光明正大設下目標，

這樣往往更能激勵自己。做出這樣的承諾，讓更多的人知道。人才只有兩種，一種叫努力的人，一種叫不努力的人，其他沒有什麼差別。所以當你做出公眾承諾，你就勢必變成努力的那種人，這樣成功的機會也比較多。利用公眾承諾達成自己的目標。

6. 自我獎勵與處罰：如果完成犒賞自己什麼？沒完成處罰自己什麼？比如你想要兩個月瘦身 10 公斤，你就開始告訴所有的人，如果瘦身 10 公斤的話，就可以買一樣自己喜歡的禮物，如果沒有瘦下 10 公斤我就要剃光頭。

7. 設定期限：要設下短中長期目標，譬如短期一個月內，中期目標三個月內，長期目標一年內，短期目標一個月內，甚至再切割每週，越細越好。

例如增加人脈，每天一個，或是每月 20 個……一年 200 個名單！必須要設定一個完成的期限，好比說我要買下一間房，我必須設定多久時間存下頭期款，兩年？還是三年？瘦身也是要設定瘦身時間，兩個月還是半年？要給自己期限，沒有設定期限，很容易遙遙無期的無法完成目標。

8. 必須把目標作時間上的切割：把大目標切割成小目標，切割半年、一個月、一週，先從大目標著手，例如這次我們出的這本書，我們預計半年順利完成出刊，接下來開始回推第 5 個月要進行印刷，第 4 個月要校稿，第 3 個月要完成所有的內容，第 2 個月要完成一半內容，第 1 個月要設定好書的目錄與方向，這樣做時間上的切割。因為時間上的切割，讓每次的目標變小，就會容易達成。

9. 找相同目標的人組成小團隊： 與一群有著共同目標的人一起努力，這種感覺是很棒的！好比跑馬拉松，可以組個路跑團。減肥時最好是夫妻一起減，不然到時會變成老公減肥，老婆卻在旁邊吃雞排、吃燒烤，最後到底是邪不勝正，還是正不敵邪呀！

10. 隨時主動請教練審視績效： 設定目標後，必須要有勇氣的面對長官、主管或是你的教練，隨時遇到問題與困難，即時反應，面對問題，處理問題，互相討論，而不要到即將設定的期限時，才反應問題，這樣目標永遠無法達成。

11. 提升能量： 隨時保持著好的能量，接觸那些能量頻率高的人，將自己的能量提升到無論外在是什麼樣的狀態，你都不會受影響。像是多運動，享受流汗，早睡早起、良好的作息都是能量提升還不錯的方法，一旦能量提升，好運跟著提升，戰鬥力提升、意願就會跟著提升……等。

12. 運用 PDCA 技巧： 一週一定要追蹤自己目標的 PDCA，這裡先前有針對 PDCA 達成目標方法，專寫一篇。

13. 瞭解自己的 SWOT 分析： 透過 SWOT 分析，瞭解自己的優勢、劣勢做調整，並達成你目標。

14. 瞭解自己的人格特質屬性做目標設定：

老虎屬性： 必須設下大一點目標。

海豚屬性： 設下的目標要帶點歡樂。

企鵝屬性： 需要一群人有伴設下目標，一起會非常溫馨可靠。

蜜蜂屬性： 設下的目標有紀律有品質。

八爪章魚屬性：目標不容易完成，因為樣樣通樣樣鬆，必須聚焦，需要一個老虎的朋友幫你聚焦，效果會更好。

阿昌：哇！昌哥，這14個方法實在是太棒了，確實必須要清楚知道目標是自己要的，不是別人要求我的。把目標設定期限，並切割成小目標，時時檢視達成進度，再加上隨時跟教練做討論……等，這些確實都是很實用又可以達成目標的方法！

另外對於公眾承諾這點我是非常認同也經常做的！像我現在都會告訴我周圍的好朋友，我設定了什麼樣的目標，預計何時達成，也會在社群媒體公開告訴周圍的朋友，我這次設下的目標是什麼。

甚至更絕的是，我還會在那些非常討厭我的人面前，告訴他們我會達成什麼樣的目標。事實上這些討厭我的人其實更不希望我達成目標，他們就會看衰我看扁我。但是一旦當我達成目標後，我更可以證明給他們看，這是很有成就感的！

所以試著公眾承諾於討厭你的人，這樣的話，會讓自己拼勁十足，更有動力更專注的完成目標。

行銷便利貼

1. 沒目標的人，一輩子將為有目標的人工作。
2. 目標為何無法完成，最根本的原因，是因為還沒受夠！
3. 目標必須是自己要的而不是別人要求完成的。
4. 目標不要只設定一個，可以從七大能量同時設目標！

5. 相信才看見？還是看見才相信？窮人思維是：先有錢才去學習！富人思維是：我學習了才會變有錢！

6. 寫下完成目標可以得到的 5 個好處，以及 5 個沒完成的後果，讓自己經常看見，並在視覺上產生效果，並進入潛意識狀態！

7. 公眾承諾，公開宣言，全民監督，光明正大設下目標，這樣往往更能激勵自己。

8. 自我獎勵與處罰，如果完成犒賞自己什麼？沒完成處罰自己什麼？

9. 設定期限：要給自己期限，沒有設定期限，很容易遙遙無期的無法完成目標。

10. 必須把目標作時間上的切割，因為時間上的切割，讓每次的目標變小，就會容易達成。

11. 找相同目標的人組成小團隊：與一群有著共同目標的人一起努力。

12. 隨時主動請教練審視績效：即時反應，面對問題，處理問題，互相討論，而不要即將到設定的期限時，才反應問題，這樣目標永遠無法達成。

13. 提升能量，隨時保持著好的能量，接觸那些能量頻率高的人，將自己的能量提升到無論外在是什麼樣的狀態，你都不會受影響。

14. 運用 PDCA 技巧，隨時追蹤自己目標的 PDCA。

15. 瞭解自己的 SWOT 分析，瞭解自己的優勢、劣勢做調整，並達成你目標。

16. 瞭解自己的人格特質屬性做目標設定。

銷售的第二步

建立信賴感

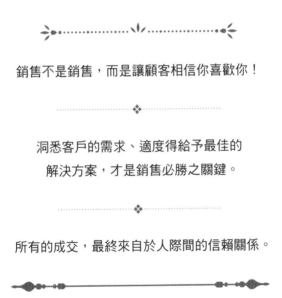

銷售不是銷售，而是讓顧客相信你喜歡你！

❖

洞悉客戶的需求、適度得給予最佳的
解決方案，才是銷售必勝之關鍵。

❖

所有的成交，最終來自於人際間的信賴關係。

10 建立信賴感──建立一套必勝的銷售流程

銷售的流程其實就是一種相信的過程,銷售不是銷售,而是讓顧客相信你喜歡你。

　　昌哥:我們都知道業務銷售工作的收入是無上限,且時間還可以自由安排,但依然讓不少人為之卻步。我們普遍最常聽到的原因,就是人們害怕拒絕與挫折,再加上業務收入的不穩定性,因此讓想從事業務工作的人打退堂鼓,多半最終還是選擇收入穩定的上班族工作。

　　阿昌關於這方面,你是否有破解之道,讓人們覺得業務銷售其實是一件輕鬆愉快且容易賺到錢的工作?

　　阿昌:昌哥說到這,回想起過往我也是當了7年的上班族,當初之所以遲遲不肯投入業務工作,或多或少主要還是缺乏自信,確實也沒把握在業務工作上能否勝任。若不是因為遭受到強大的刺激與壓力下,或許我還是會選擇繼續在科技業裡當個平凡的上班族。

　　從事業務工作的頭兩年,也確實真的是讓我摸不著頭緒,業績更是慘不忍睹,多少次從睡夢中驚醒並罵自己,我幹嘛沒事出來當業務幹這傻事呢!搞到自己每月都還要跟家

裡人借錢過生活，後悔自己，好好的穩定上班族不當，卻跑出來當個窮業務。

唯一慶幸的是，我那天生不服輸的性格，卻開啟我想要逆轉勝的決心。即使當時再窮，我仍開始大量的購買並閱讀業務銷售的書籍，以及參與外面許多業務銷售的學習課程。透過大量的閱讀與學習，我也逐步擬出一條適合自己的銷售流程，也因這套銷售流程，逐漸讓我在業務銷售領域上有著還不錯的成績。

在此必須先聲明，或許這套流程未必適合每個業務銷售行業，但原則上架構與主軸不變，稍加修改調整，或許你也可以透過這套流程，理出一條適合自己的銷售模式。

首先第一個流程就是「賣自己」，這也是所有流程中最重要的環節，簡單的說就是把自己銷售出去，疑……我們不是銷售產品嗎？為何要把自己給賣出去呢？

舉例來說，相信大家或多或少應該都有面試工作的經驗吧？當我們在面試時，我們就是要不斷的表現自己，讓面試官注意到你、欣賞你，進而錄用你。

好比你參與一場相親活動，在這麼多優秀的男女之中，你要如何在你心儀的對象中脫穎而出？當然你就得適當的表現自己，讓對方注意到你。

從事銷售工作也是一樣，倘若你跟顧客第一次見面，顧客對你的感受是不好的，接下來你想要跟他分享的商品，他也不會太感興趣。

因此要成功的把自己賣出去，就是要先讓顧客喜歡你。

第二個流程「賣觀念」，簡單的說就是賣你商品的思維模式，抓住客戶的痛點！好比說你要賣的商品是保健食品，在還沒開始分享你的商品之前，你可以先分享健康的重要性，失去健康的結果是什麼？花點時間建立顧客的保健觀念，當觀念建立起來！自然而然當你之後若要分享你的商品，會輕鬆容易許多！

像我現在從事的是房地產銷售的工作，我並不會急著推銷自己手中的物件，我反而會花更多時間挖掘顧客的痛點，讓他知道不買房，你會錯失掉什麼？你買房會有什麼好處？之後再跟他分享房地產的優勢與特色，並讓顧客知道，房地產除了住之外的五大功能，建立顧客對房地產的概念與認知，觀念一旦建立起來後，我再適度的分享不錯的物件給顧客，成交變得容易許多。

有句話是這樣說的「事前叫說明、事後叫解釋」。你喜歡聽說明，還是聽解釋呢？先說明並建立觀念，後提出適合的商品較容易成交？還是先提出商品，之後再解釋比較好成交呢？我相信你應該就很清楚這之間的差異了吧！

第三個流程「賣解決方案」，把你的產品塑造成最佳的問題解決方案，顧客聽出他的痛點後，他反而會開始追著你

跑了。就像是從事銷售保健食品的人，當你把觀念建立起來後，並找出他的痛點後，之後引導如何消除顧客的痛苦。這時顧客就會問，你有什麼方法可以改善他的健康、減肥或是如何保養……等。事實上就是購買你的產品是可以解決顧客痛苦的。

像我從事的是房地產銷售，當顧客聽出他的痛點後，並引導出可以消除顧客痛苦的方法，他就會問你要如何買房？如何累積資產？如何解決他頭期款不足的問題……等。重要的是你是能為你的顧客解決他的痛點。

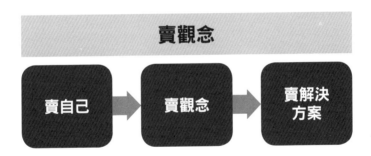

以上三個銷售流程，如果前兩個流程你都能做到位，最後進入到賣解決方案，把你的產品塑造成最佳的問題解決方案時，就更輕鬆容易許多了。記住，要讓你的顧客追著你跑，自然而然成交會變得更輕而易舉了。

昌哥：阿昌你真的是那個被科技業耽誤 7 年的業務高手耶！這樣的銷售流程簡單明瞭，成交率確實會變得很高。過

去許多人以為，我不愛業務銷售工作，就可以一輩子遠離銷售，其實這是錯誤的想法。人生真的是無處不銷售，面試時也是銷售、談戀愛時也需要銷售，無論到哪裡，我們時時都要銷售！有時銷售的不僅是產品，更多的時候是銷售自己！

行銷便利貼

1. 賣自己：把自己銷售出去，瞭解顧客喜歡怎樣的你。
2. 賣觀念：賣你商品的思維模式。
3. 事前叫說明、事後叫解釋：你喜歡聽說明，還是聽解釋？
4. 賣解決方案：把產品塑造成最佳的問題解決方案！

11 建立信賴感——如何加深顧客對你的第一印象

二流的業務 80% 的時間銷售你的商品；
一流的業務 80% 的時間建立信賴感，
因為，所有的成交最終來自於人際間的信賴關
係。

　　昌哥：我們都知道銷售80%的成交關鍵來自於信賴感。但建立信賴感的關鍵來自於第一印象、專業、說話技巧、談話內容……等。當中至關重要的關鍵在於如何加深顧客對你的第一印象，阿昌，你是如何讓顧客加深對你的第一印象呢？

　　阿昌：說到這，我必須承認，其實我過往的經驗都算蠻失敗的，因為普遍事後我聽到大家對我的第一印象形容詞都並不太好。好比說……阿昌你看起來踥踥的、很嚴肅、自以為是、不好親近……等。多半聽到的都是這番形容詞來形容我。

　　昌哥：那……那你的業績與成績都是怎做的呀？

　　阿昌：回想起過往，我參加許多的商務聚會或是社團活

動，由於臉型的關係，只要不笑，就很常被誤會我是不是心情不太好，或是看起來很嚴肅，再加上以前外出，都會開著跑車、穿著西裝、襯衫、抹個髮膠油頭等，這樣的形象，單身時用來把妹或許還行，但是用來從事業務工作，事實上並沒有太大的加分效果。後來是因為跟一些顧客熟了之後，他們提醒了我，才驚覺自己給人的第一印象原來是這麼不容易親近。

之後我曾拜讀過一篇心理學家亞伯特・馬布蘭，提出「55、38、7 形象定律」，把人與人之間的第一印象區分成三個要素：

第一要素，提到所謂的非語言：是在不認識彼此的情況下，人們對另一個人的印象，有 55% 來自「非語言」的肢體動作與外貌表現。

第二要素，來自於語氣：即說話的聲調、音量與速度，在第一印象占比 38%。

第三要素，來自於言語：說話的內容 7%。

我想我之後能逆轉的關鍵來自於後面的第二要素與第三要素，並加強第一要素！

我是怎做的呢？要如何讓顧客就馬上喜歡你，所以個人形象是很重要的，必須一開始給人很親切，很自在的又具有成功者氣息的。

首先我就把自己的髮型給剪短，並稍微再抹點髮膠，讓頭髮站了起來，給人感覺有精神、陽光、清爽般，穿著

上我反而鮮少穿襯衫與西裝，我反倒穿上給人輕鬆感覺的T-Shirt、牛仔褲、休閒鞋，穿上襯衫、西裝會給人太正式或是太商務的感覺，當然這還是要看你從事業務的行業別嚕！如果是 C2C 時，我肯定就會穿的比較輕鬆讓人好親近的服裝，如果是 B2B 又或是演講場合，我還是會穿上西裝，給人專業的形象。

　　再來在肢體動作上，我會經常的練習微笑，並培養讓人一開始就喜歡你的特質，姿勢並調整為比較謙卑與客氣的態度，請、謝謝、對不起、謝謝不嫌棄，這方面的肢體語言表現我也常運用。

　　第二要素，來自於語氣：我過往會給人說話速度很快的感覺，音量也比較大聲，之後在一對一交談時，我會運用大量的提問與請益的方式做破題。並且與顧客進行調頻率，如果對方說話是快的，我也會變得跟他一樣快，如果對方說話是緩慢的，我也會跟著緩慢，再加上語氣搭配著抑、揚、頓、挫，讓說話的口吻更顯得成熟。若沈穩說話的語氣會讓顧客覺得若把錢交給你，更有信賴感，因為這是一種信心的傳遞、情緒的轉移、體能的感染。

　　第三要素，言語，說話內容的部份，還是要多看看顧客的屬性作調整。不一定要說很多話，但是說話必須要很吸引人。我會大量的運用了起、承、轉、合做說明，對於感覺型的顧客，我會跟顧客間多談些感覺，對於急性子的顧客，我

會廢話少一點，重點多一點，讓顧客一聽就很容易聽出重點。

　　昌哥：確實！若落實以上三要素，是會讓顧客對我們加深印象很重要的方法。另外阿昌我這邊稍加再補充個一個要素，對於顧客加深對我們的第一印象也挺不錯的方式。

　　熟悉對方的專業領域：正所謂知己知彼才能百戰百勝，若我們要拜訪的顧客是個美術老師，要知道對方是什麼流派的，或是體育老師，要瞭解對方擅長的是什麼運動，就針對他專業的領域做聊天，多發問，並把聚光燈打在對方身上，或是善用請教哲學，設計提問一些問題，與顧客做請教，讓對方很喜歡我。

　　有時商品不見得只有我們有，我們除了花時間讓顧客喜歡我們的產品外，還要讓顧客喜歡我這個人，事先瞭解顧客的背景，做更充足的準備，也會加深顧客對我的第一印象。

　　好比說，過去我曾拜訪隔熱紙廠商，要洽談企業內訓，我事先做足功課，熟悉台灣目前有的隔熱紙品牌與各廠牌隔熱紙的區別，由於該企業做的是隔熱紙的高端市場，我因為做足了功課，在那次洽談破冰聊天時，他驚覺到我竟然對他們的商品有很深入的瞭解！用心、貼心、做一些小動作，讓顧客感覺到溫暖，這也是對第一印象加分的很好方式。

行銷便利貼

1. 所有的成交，最終來自於人際間的信賴關係。

2. 55、38、7 形象定律：把人與人之間的第一印象區分成三個要素，55% 來自「非語言」的肢體動作與外貌表現，38% 來自於語氣，7% 來自於言語。

3. 必須一開始給人很親切，很自在的又具有成功者氣息的！

4. 語氣必須與顧客進行調頻率，並搭配著抑、揚、頓、挫，讓說話的口吻更顯得成熟！這是一種信心的傳遞、情緒的轉移、體能的感染！

5. 說話內容必須看顧客的屬性作調整，感覺型的顧客，跟顧客間多談點感覺，急性子顧客，說話說重點，廢話少一點！

6. 熟悉對方的專業領域：針對他專業的領域做聊天，多發問，並把聚光燈打在對方身上，或是善用請教哲學，設計提問一些問題，與顧客做請教！讓對方很喜歡我。

12 建立信賴感──如何述說自己的故事

> 顧客其實買的是一種感覺，銷售的流程其實就是一種相信的過程！銷售不是銷售，而是讓顧客相信你喜歡你！

昌哥：阿昌你知道嗎？有句話是這樣說的，真感情就是好文章，如何述說自己的故事，在銷售過程中也是一種成交的關鍵。在所有銷售的流程中，我個人覺得說自己的故事反而是成交最有力道的關鍵流程。阿昌，你可否分享一下，你是如何透過說故事完成一次又一次的銷售經驗呢？

阿昌：回想起過去我曾從事組織行銷業務領域的工作，當時公司賣的是環保日用品。由於這個品項在組織行銷領域中，顧客的選擇性是非常的多，且從事這個行業的經營者也不少，導致我初期處處碰壁。再加上大部分的朋友都已經有固定的愛用品牌了，要讓顧客願意買單，其實不太容易。

有一回我邀約朋友，到咖啡廳出來做產品分享時，只是拿出目錄，還來不及解說，她當場一臉不悅且有點不耐煩的表示：「政昌你約我出來就是要跟我談這個喔！我對這商品

真的興趣不大啦！且我有固定的品牌了，再加上我皮膚真的比較敏感啦！實在是不太敢亂用其他品牌了，就先謝啦！」

當時的我，其實還來不及開口分享，就馬上被拒絕了。這時我只好把產品目錄給收進包包裡去，說實在的，這樣的場面真的有點尷尬，還好這時服務生把咖啡送上來了，我喝了一口咖啡，於是我終於有機會開口了。我自言自語的跟她分享，我為何經營這個事業：

自研究所畢業後的我，原本的工作是科技業的工程師，前後待了超過7年的時間，一個月的收入大約五、六萬，工作時間卻是從早到晚近8、9點才能下班，回到家也幾乎累攤了。當時有個朋友跟我分享了一段話：「如果你不滿意你現在的生活，你就要不滿意你三五年前所做的決定，如果三五年後你想過不一樣的生活，你就必須從現在去做改變。」

我問起我自己，我滿意我的生活和工作嗎？我不滿意！三、五年後，我對我的未來有把握嗎？我不知道！如果依照原來的工作或是收入，我的夢想可以完成嗎？我知道是沒辦法的！我真的甘心過一個一眼望到底的人生嗎？我實在不想……

從事組織行銷這個行業，是因為我還有夢想、我還有目標，我渴望給家人過更好的生活！由於我沒有足夠的資金創業，又害怕風險失敗，所以我只好選擇進入門檻較低的組織行銷這個行業。再加上我看到這個行業的成功者的樣子和生活是我要的，於是我選擇了改變。

我生命中最大的遺憾就是，我的母親，在我小的時候，因為鼻咽癌的關係，造成雙耳聽不見，在她的世界裡，只有畫面卻沒有聲音。我的母親曾經跟我分享說，她其實最大的心願就是希望孩子能陪她偶爾說說話看看電視，她就很高興了，但是因為我們姊弟工作實在是太忙了，導致她每天只能獨守空閨，連一個說話的人都沒有。

　　我最大的心願就是兩三年後，當我達到財富自由時，可以有更多的時間陪伴她，帶她到處去走走，踏遍世界的每個角落。我希望能達到每月 10 萬的持續收入目標，我願意付出的代價是，寧可三年沒有禮拜天，三年之後我想要天天盪鞦韆，付出一切的代價，只為了給家人更好的生活品質！

　　這時我看到她泛紅的雙眼，我知道她被我的故事給感動了。

　　我接著並跟她分享著，我們只是換個超市換個品牌，不僅沒有多花錢，還可以為地球做環保，並且讓我們的家人遠離化學日用品的毒害，讓家人變得更健康。這種多贏的結果，為什麼不給自己機會嘗試看看呢？就這樣，她竟然被我成交了！

　　昌哥：阿昌聽完你的故事後，我也被感動了，也一定會購買的。

　　另外從你的故事中，我發現幾個關鍵要素就是，改變的力量、正向積極的態度，再加上你對家人的一種承諾與責

任，真的是太棒了！

阿昌：昌哥，跟你分享，從我的故事編排中，我其實是運用了起承轉合的四大流程做編排，讓聽的人比較容易聽的清楚我想表達的內容！

My Story	
起	我原來的工作、工作概述、從業時間、收入特性
承	我為何選擇這份工作？ （我聽到什麼？看到什麼？想要什麼？）
轉	我為何在這份工作上努力？（人生的缺口、我的痛、遺憾、最想解決什麼問題？我的負擔與責任？這份工作的動機？）
合	我想達到什麼收入目標？我有什麼夢想計畫？為了達到夢想和目標，你願意付出什麼代價？

昌哥：說自己故事時，建議能準備2~3個版本，若沒有引起對方共鳴時，隨時可以進行轉換，有共鳴時，還可以做話題性的延伸，這是非常重要的。

另外在分享自己故事時，也必須留意對方的反應，若未能引起對方共鳴，也失去注意力的時候，反而可能會有傷害產生，這點必須要留意！

另外在分享自己故事時，時間的控管必須留意，盡可能

在五分鐘左右完成，有個起、承、轉、合的鋪成與反差，讓顧客聽起來會很有層次感，另外這個故事也必須與你銷售的商品，有一個強連結，不然很容易失焦話題。

行銷便利貼

1. 正所謂真感情就是好文章。

2. 銷售的流程其實就是一種相信的過程，說故事的過程也是讓顧客相信你喜歡你。

3. 顧客購買的，其實是一種感覺。

4. 運用起承轉合分享自己的故事。

5. 說自己故事時，建議能準備 2~3 個版本，隨時可以進行轉換。

6. 分享自己故事時，時間的控管盡可能在五分鐘左右完成。

7. 這個故事也必須與你銷售的商品，有一個強連結，不然很容易失焦話題。

13 建立信賴感——如何傾聽

> 你願意聽別人講話，他就得到那種被重視的感覺，當顧客驚覺到你重視他的程度遠超過他的想像，自然就會願意接受你給予他的建議！

阿昌：我們都知道傾聽除了能讓我更精準地理解顧客的想法，也能讓顧客對我的好感度加分，作為一名傾聽者，我的責任便是融入顧客的情感，而在完全理解對方感受及事情全貌之前，也要記得先不要急著安慰、或跟著顧客去痛罵他人來博得好感。昌哥，我們常說帶人要帶心，請問一下你對這句話會怎麼解釋呢？

昌哥：我對這句話的解釋很簡單，在銷售端有「待」人帶心，領導端的「帶」人帶心。

過去我在銷售兒童百科全書的時候，在產品解說完後，顧客經常會回應說，黃課長，謝謝你介紹這麼好的書——
但是……我還是要考慮一下。
但是……我還是要跟老公商量一下！
但是……我家裡的書已經很多了！
但是……我的孩子還這麼小應該看不懂吧！

但是……我家裡已經沒地方擺書了。

但是……你能不能算便宜一點？

這一些「但是」，其實就是顧客的想法。

一般人都太快處理問題，以致於顧客還是感受到你的企圖心。

如果我們否定他，一直進攻，並說明解釋，顧客一定會感到很不舒服，又或者顧客可能會立即的提出他的困難！

我們可能會回應說，「哎喲，某某某這有什麼好擔心的，這有什麼好怕的，你真的不要想太多啦！」說實在的，顧客就是想這麼多，所以這些話一點都沒有「帶到顧客的心」！

通常，這個時候我一定會放下我進攻的企圖心轉為傾聽。

我會先說，謝謝你說出你的感覺跟想法，我很重視你說的事情，請問你從什麼時候開始有這樣想法的？當時發生什麼事情呢？你會是怎麼解決方式的呢？

我會先跟顧客聊他所提出來的感覺，他提出來的看法，很認真的傾聽並關心他，讓他知道，我真的在乎他提出來的感受跟問題，這就是同理心。

例如：我們可能會回答：「你講的我知道，所以我現在就是要跟你解釋……」

當我們耐著性子好好聽，讓他慢慢說，他覺得我們沒有要改變他的想法的時候，10幾分鐘或20分鐘陪伴他，並讓他說完以後，我們此時再說，「我有一個想法給你參考如何？」很奇妙的，後來我們給的建議他就聽得進去了。

　　這就是所有的人都要讓同理心大過企圖心的意思，也是銷售必須帶到顧客的心坎裡，讓他知道你有一顆傾聽的心、溫暖的心、讓他可以感覺你懂他，尊重他的心。

　　一個行銷業務的人員或者任何一個角色的人，都會有企圖心要讓對方聽我們的，譬如業務員要對方聽我的，買我的東西；

　　父母要孩子聽我的做個乖小孩；

　　孩子要父母聽他的讓自己有自我的空間；

　　主管老闆要員工聽他的才能讓業績蒸蒸日上；

　　員工要老闆聽他的他才能夠有發揮的空間；

　　夫妻都希望對方聽他的，自己才不需要改變……

　　這一些都叫做企圖心，簡單來說就是希望對方能接受我表達的。

　　我常常告訴業務人員當你想要賣給顧客一個東西時，這是你的企圖心，我們的主管也常常一天到晚的勉勵我們要有企圖心。

　　但是顧客有他自己的想法，你如果可以認同他就叫同理心。

不過如果我們都認同他了，當他說現在不想買的時候，我們不就很難展現我們的企圖心了嗎？

　　阿昌：所以說，在銷售與領導組織的的過程中，傾聽的重要性，遠勝於急著去解釋說明，太快處理問題，反倒顧客會感受到我們的企圖心，而有了防備心。

　　關於傾聽的部份，我過往有過一次失敗的經驗要跟昌哥分享，就是一次在跟顧客喝茶閒聊之時，剛好手機來一則訊息，我看到時立即的回應，我當時邊聽顧客分享，也邊回覆訊息，以致於有時會漏掉顧客跟我分享的內容，而是請他再說一次，他當場不耐煩的跟我說，如果你這麼不重視我跟你的對話，你繼續滑你的手機，我們就不聊了。
　　當下我驚覺到我似乎引起對方的不悅了，不該讓手機的訊息重視程度超越對方的程度，我立刻的收起手機，並跟他道歉，表示我知道錯了！下次不再犯！
　　還好有當下的道歉，不然我就險些失去一次成交的機會。

　　昌哥：是的很多時候，我們都搞錯了，當下的人才是最重要的，而非訊息中的對方。收起手機，專注的傾聽對方說話的內容，也會贏得顧客對你的尊重。

行銷便利貼

1. 傾聽並聽出顧客的想法。

2. 謝謝你說出你的感覺跟想法，我很重視你說的事情！

3. 請問你從什麼時候開始有這樣想法的？

4. 當時發生什麼事情呢？

5. 你會是怎麼解決方式的呢？

6. 讓顧客知道你有一顆傾聽的心、溫暖的心、讓顧客可以感覺你懂他，尊重他的心。

14 建立信賴感──瞭解顧客的需求

> 洞悉客戶的需求、適度得給予最佳的解決方案，才是銷售必勝之關鍵。

昌哥：我們都知道許多經驗不足的業務，通常遇到有可以銷售的對象時，就會用最短的時間最快的速度，快速的分享他的產品與資訊，似乎深怕對方沒機會聽到似的。對於這樣的情況，你有什麼好的建議？

阿昌：這確實是一般新業務或是比較沒經驗的業務最常發生的事情──缺乏瞭解對顧客的需求。

還記得前陣子我遇到過一個久未連絡的朋友。他因為在外面上了一些課程，突然覺得有很大的收穫，而四處的去跟人分享他上的課程。或許他可能成為這課程的業務或學員，也或許是亂槍打鳥的關係，不免俗的也找上了我。

因為我們之間有超過五、六年的時間不見了，一見面，才剛坐下來，也未了解我的狀況，就急著跟我分享這課程的好處，這課程帶給他的改變，這課程真的很適合我去學習。

其實當時我很想問的是，究竟是什麼點很適合我？但對方卻從頭到尾沒問過我，也不清楚我的狀況，而是使勁的說，這課程有多好，這課程對我有很大的幫助，價格也比外

面許多的學習課程便宜許多，最後竟還馬上補一句說，阿昌，如果兩萬多的課程對你來說太貴，我還可以幫你爭取分期，分 12 期如何？當下我臉上立刻浮出三條線！

另有一次，一個久未連絡的朋友，突然說想帶一個某傳銷高聘，希望可以彼此交換名片認識一下，看是否未來有合作的機會。

過往我也曾經在傳銷這行業打轉了超過5年的時間，自然而然也懂這道理，所以我也很樂意的說，只要彼此時間配合得上，我沒問題的，就當是互相交流嚕！

結果當天那個傳銷高聘一坐下來後，屁股都還沒坐熱，他就拼命的開始說他在傳銷多厲害，帶多少人，收入有多少，開賓士、住豪宅什麼的，另外也跟我分享這傳銷公司未來的潛力有多強！且還鼓勵我說，阿昌這公司才剛落地不到半年時間，若你以講師的身份，進來馬上可以來當線頭，且還可以提拔你成為這公司的高階講師……等。

這前後大約近40分鐘的時間，對方真的完全不給我說話的機會，我只能靜靜的聽他講他想講的。或許是我在業務界的經驗夠久了，也還蠻沈得住氣的，終於……讓我有機會開口時，我只跟他說，謝謝你今天的分享，我收穫很多。

那傳銷高聘馬上準備遞出入會申請書，要我填寫。我僅回答，容我思考一下，期待未來有機會再聊。

昌哥：哇！阿昌從這兩件事情中，我發現你還真沈得住

氣耶！如果是我，可能當場臉色鐵青，然後請他閉嘴了！

阿昌：事實上，事後其實我那兩個朋友，還是不斷的追問我，是否要上課，是否要加入他們傳銷公司，但因為不斷被詢問的壓力下，我出自於朋友間的關係與情誼，我還是忍不住的告訴他我當時的想法與建議。

從第一個例子當中，我跟他說，謝謝你為我好，我知道你分享這樣的課程，都是為我好，都是希望我能持續不斷的學習。我也知道你更希望我能從優秀邁向卓越，確實這也是我渴望的目標，但……從頭到尾你卻未能瞭解我的需求！好比說……

你何時會想學英文？——當你發現你工作上無法跟老外溝通時！

你何時會重視健康？——當你發現醫生跟你說你剩下半條命時！

你何時會認真唸書？——當你發現這次你的考試成績不理想時！

就拿這次他渴望跟我分享的課程，首先，他並未探詢我瞭解我的需求，而是一再的告知我，這課程可以帶給我什麼。再來就是我發現該課表，內容完全吸引不了我想學習的念頭，我自然而然就完全的不感興趣。

就像我們次出的這本書，書名和目錄，都偏向業務行銷與團隊領導管理，我相信正在學烹飪、想看武俠小說或是想環遊世界的人，對這類書也不會太感興趣是同樣的道理吧！

最後比較誇張的是，因為我並未提出資金上不足的需求，但對方竟還擔心我認為兩萬多的學費太貴，而告知我可以分期付款這選項。或許他出自於無心的好意，但其實這間接是對對方的一種輕視，畢竟兩萬多不是多大的數目。

另外像是第二個例子，我朋友帶某傳銷高聘來找我聊，事實上我們有過多年業務的經驗，我們很懂得將心比心，也很樂意不斷學習新的事物的。

只是對方也同樣的犯下第一個例子同樣的問題，還未瞭解我的需求，也未探詢我對未來的規劃，而是一味的說他想說的，然後用名車、豪宅、多金等方面的字眼來吸引我，事實上就如同，我肚子現在很撐，你硬是要跟我分享某餐廳的菜非常好吃，硬是要拉著我一塊去吃，是一樣的道理。就不能先等我肚子餓，有需求再說嗎？

這兩次經驗，其實讓我印象非常的不好！當然後續也不會再有什麼結果，我當然也不會因此乖乖的買單了。

千萬別只是說你想說的！先瞭解客戶要的是什麼，適度的拿出你的解決方案吧！

行銷便利貼

1. 先瞭解客戶的需求。
2. 適度的給予客戶想要的解決方案。
3. 當客戶暫時沒需求，適度的用探詢的方式釐清客戶的狀況。
4. 留下一次好印象，即使現在沒需求，不代表未來沒需求！

銷售的第三步

銷售技巧與操作

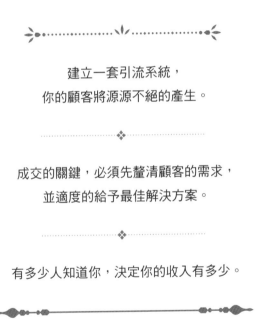

建立一套引流系統，
你的顧客將源源不絕的產生。

成交的關鍵，必須先釐清顧客的需求，
並適度的給予最佳解決方案。

有多少人知道你，決定你的收入有多少。

15 如何打造你的人脈圈

> 「選擇」你所處的圈子，以及跟誰在一起，將
> 會影響到你未來一切的命運！

　　昌哥：阿昌我知道你從事的是房地產相關的工作，顧客是不是很常會跟你談論房子的風水？另外你是否知道，另一個會影響我們命運的，是所處的環境！我這裡指的是「人脈圈」的環境。

　　阿昌：是的，房子的風水，是會影響到一個人的運勢，像是財運跟健康，而風水的白話意義其實指的就是「環境」。對許多人來說，環境會影響到我們的命運，所以不少人很重視風水。

　　回想起 41 歲時的我，在人生的低谷中盤旋了將近 6 年，走不出婚姻失敗後的低潮，更找不到人生的方向，總是思索著，這輩子真的只能這樣嗎？我還有夢想，還有目標要去完成，但我卻煩惱著不知該何去何從。

　　慶幸的是，過去我長期都持續在中壢健言社學習，這是一個口才學習成長的正向環境，裡面充滿了許多積極且不斷成長學習的一群人，在這環境裡我不僅認識了許多正向積極

的社友，更榮幸能聽到昌哥您在中壢健言社的課程，開啟了我的智慧，另外我也在健言社的環境裡，透過社友的牽線，進入了房產事業，並運用健言社學習到的公眾演說能力，開啟我事業的第二春。

如果我過去還是沈溺在吃喝玩樂的環境裡，認識的人也許不同，或許今天的我可能很難再次翻身。

常有人說，社會如同一個大染缸，它可以是良性環境，從而成就你的人生，也可以是惡性環境，從而糟蹋你的人生。

沙子是廢物，水泥也是廢物，但他們混在一起是混凝土，就是精品；

大米是精品，汽油也是精品，但他們混在一起就是廢物。

是精品還是廢物不重要，重要是跟誰混！我們的未來取決於我所處的環境以及跟誰在一起。所以，在選擇把誰納入到自己人脈關係網中非常重要。

昌哥：是的，我不是一個笑貧不笑娼的人，但我喜歡靠近成功的人，我生命中有一個企業家他的月收入高達千萬，後來我跟他成為莫逆之交後，常常跟他聊天，耳濡目染之下，我才知道原來成功人士想得跟我們就是不一樣，而當我開始靠近他們之後，收入不但提升了，人生也變得更豐富了。

另外我還認識一個好朋友，他的職業是律師，在他身上我也學到很多學校沒有教的知識，也多了一個可以法律諮詢的朋友。正所謂，書到用時方恨少，朋友要用的時候你也會

恨少啊！所以優化我們的生活圈子很重要。

而且人很容易往下沉淪，不容易向上提升。

例如：你跟郭台銘生活一個月，你不見得會變成郭台銘，但是你跟遊民生活一個月，你可能會變成遊民，所以環境真的太重要了！

以下幾個建議方向可以跟阿昌你分享，我們要如何篩選自己的人脈圈呢？

1. 認識正向積極且堅持不懈的人：一個會願意持續勤奮努力工作的人，且凡事保持樂觀正向積極不負面的態度，遇到挫折也不會消極懈怠，而是懂得自我勉勵。還常提醒著自己，不倒翁並不是不會倒，而是倒了之後又會再站起來，像是這樣堅持不懈的態度，並從容的面對一切挑戰的人，是值得深交的人。

若是 20 歲活得跟 80 歲一樣，那還談什麼前途？這些悲觀主義者，只會讓你越來越絕望，越來越墮落。

2. 學習能力強，特別好學的人：一個人的種種能力，源自於不斷的學習！跟一個熱愛學習的人，不僅你會被他的學習動能所渲染，更會因為大量的學習，而開啟更多的智慧，正所謂沒有無法改變的窮口袋，只有無法改變的窮腦袋，財富的落差來自於對資訊的落差。

倘若跟一個不愛學習的人，只有他求你，沒有你求他，反而會被他的不愛學習的態度拖累下去。

3. 必須明事理，懂得互利互贏的朋友：選擇朋友就是為

了組成戰鬥力強的團隊組織，群策群力，一起去創造更大的價值，歷史上很多偉大的君王，或是企業家，並非靠單打獨鬥而成功！而是找尋一群明事理，互利互贏的朋友，一起共創雙贏！

4. 認識比自己更成功的人：我們常說，你周圍五個朋友的平均收入，等同於你現在的收入。若要突破就必須向上結交比你更成功的人，俗話說結交須勝己，似我不如無，在交朋友上攀龍附鳳並不是什麼丟人的事情，你可以跟比你更成功的人請益，協助你制定成功的計劃。與成功人士接觸會使你的人脈圈吸取更多的營養，這樣才能讓你持續茁壯。

比自己更成功的人，通常都有著較嚴明的紀律和堅韌不拔的毅力去完成他們的目標。自然而然你在他們的影響下，距離成功就會更近一些。

最後要經常的問自己，你今天和誰在一起的時間比較多？你們在一起都做了些什麼？這些事情對你的人生有意義嗎？他們提供給你的能量是正面的還是負面呢？跟這些人交往是否有助於你的事業和人生目標達成嗎？

如果是否定的，要盡快的離開他們，畢竟思想負面、行為消極、不思上進的人，會影響你走上歧途，建議你還是遠離他們！

阿昌：我個人是非常認同，人是因為優秀了，才會有優秀的朋友。越是優秀的人脈圈，其實他們越是精明。正所謂物以類聚，千萬別指望優秀的人會做虧本生意，所以我們必

須先讓自己變得更優秀，才能吸引優秀的人與我們合作。

行銷便利貼

如何篩選你的人脈圈？

1. 認識正向積極且堅持不懈的人：堅持不懈的態度，並從容的面對一切挑戰的人，是值得深交的人。

2. 學習能力強，特別好學的人：跟一個熱愛學習的人，不僅你會被他的學習動能所渲染，更會因為大量的學習，而開啟更多的智慧。

3. 必須明事理，懂得互利互贏的朋友：組成戰鬥力強的團隊組織，群策群力，一起去創造更大的價值。

4. 認識比自己更成功的人：與成功人士接觸會使你的人脈圈吸取更多的營養，這樣才能讓你持續茁壯。

5. 你必須讓自己變得更優秀：越是精明的人，總是物以類聚，別指望優秀的人會做虧本生意。

16 如何擁有源源不絕的顧客名單

建立一套引流系統，你的顧客將源源不絕的產生。

昌哥：我們都知道有不少大老闆也都是業務高手，當老闆也需要做客戶開發，且都具備陌生開發的能力，如果現在還在馬路上做生意，是不會有生意，因為連做個問卷都會有人一直拒絕你，因為現在外面詐騙實在太多了，所以許多人的防心特別高，源源不絕的客群，是攸關你可否持續在業務工作發光發熱的重要關鍵。

由於現在資訊取得相對容易的情況下，網路上也有著不少增加或累積客群的方式，這些方式，多半還是必須熱情、主動、積極，才有可能創造更多的人脈和客群，網路上都有，且了無新意的客群建立方式，也不是我們決定寫這本書的初衷。

阿昌，你是否可以分享比較特別，且具體有效，還能夠創造出源源不絕的人脈建立方式？幫助一些本身就不擅長主動去認識人的業務，給予他們建議或方向。

阿昌：昌哥，我本身其實剛好就不是一個很熱情並擅於主動積極去認識人的業務。在一個新的環境中，要快速認識

人，對我來說確實不太容易，但是當我決定走業務這條路時，就必須得找出一條適合自己的經營模式。

14 年前，我的第一份業務工作，從事的是組織行銷工作。由於當時網路尚未盛行，所以多半採取的還是土法煉鋼的方式進行，好比像是八同原理（同宗、同學、同好……等），主要都是得積極的去參加社團、同學會、交際活動……等方式，這些方式不是不好，只是前面兩三年會比較花時間、花錢進行交際，也需要長時間的累積經營關係並建立信賴感。

之後這幾年社群經營開始盛行，我轉戰房地產銷售工作後，也透過不斷的嘗試各種方式，逐漸的找出一套適合自己的運作模式，我現在大部分的顧客，都是主動自己找上來的。那我是怎做的呢？

第一個步驟，就是開始規劃在不同魚池進行捕魚。

我除了一般性實體社團外，主要是運用社群媒體 FB，有些時也會透過 IG、LINE 或 Blog 等方式作搭配經營！另外我也會多觀察一些朋友圈發表的一些文章，甚至主動去加臉書 PO 文都好幾百個讚，臉書特別活躍的朋友，透過互動方式認識他的朋友。

加入或成立經營潛在顧客都會加入的社團，只要能曝光的平台，觸角我都會想辦法延伸出去，先大量的累積受眾者人數。像是我經營的房地產，是有區域性的限制，我就會篩

選我的受眾者族群、地域、年齡層……等。

由於個人 FB 有人數的上限 5000 人，我也會建立經營
FB 粉絲頁、LINE @做搭配！會有人搜尋你這個主題而加你
的粉絲。另外粉絲頁的好處是可以打廣告，廣告如果你設定
好一些費用跟條件後，他就可以讓你產生一些被動的自動
的，一直不斷的有人去加你的粉絲頁，成為你的好友。

再加上我也會搭配經營 YouTube 視頻，對方也會留下聯
絡方式，透過網路來蒐集潛在顧客名單是我認為最有效率的
方法。

另外微信也很好用，它有一個功能，它可以搜尋你附近
的人，搖一搖，或是運用漂流瓶也可以進行陌生開發。

第二個步驟，讓你的受眾者，感受到你可以提供給客戶
想要的資訊。

例如人脈鏈結、促銷活動、免費教學資訊、抽獎活動、
折扣優惠、節省金錢、賺錢……等的內容。因為你提供的
有效資訊，而讓他們願意主動加你的 FB 粉專、個專或是
LINE、電話等。

每加入一個群組就是人脈的魚池，人脈的來源，人脈的
寶庫，經營 LINE 千萬不要在上面貼廣告，而是要在群裡面
分享一些有價值性的資訊，多去分享些有價值的資訊。自然
而然客戶會被你有價值的資訊吸引，而主動想認識你瞭解
你。

第三個步驟，你必須製作一段吸引人的標題或是文案。

例如，我從事的是房地產銷售的工作，我就會寫一個像是教你如何挑一個會賺錢的房子、如何解決頭期款不足的問題、如何找到每年至少賺 13% 的房子、租房好還是買房好？新建案與中古屋如何選？等這樣的標題或文案，這樣對於有意想買房的人，會因為好奇心而想點進去看，好的文案會讓顧客有馬上、立刻強烈的行動指令，讓受眾者會想立即的採取行動，這點是很重要的。

但是也千萬不要把你所有的內容都寫進去，記住……只要搔到癢處就行。

如果你都講光了，那他也不需要找你了，最終的重點還是要讓顧客願意主動跟你聯絡並找上你，不是嗎？

如果你想經營你在網路行銷的地位，Blog 寫文章也是不錯的方式，你就發表一些跟網路行銷有關的文章在部落格，這樣搜尋關鍵字時，也很容易讓你的文章凸顯出來。只要你的文案，是能解決顧客的問題。那麼自然而然對於有需求的顧客，就會優先的想到你。

現在社群媒體的盛行，必須要建立一套讓顧客流進來的系統。

另外轉介紹也是一種很好的方式，但是我不會直接找我的朋友進行轉介紹，因為沒人喜歡你去推銷產品給他的朋友。

我會優先請我的已購客做轉介紹，畢竟他自己都會買，就表示認同，倘若連他都沒興趣的商品，又怎會有人幫你做轉介紹呢？

　　另外我若要請非已購客轉介紹，我會去做一關，好比我想找咖啡廳辦活動，我就會請他引薦身邊有開咖啡廳的朋友，又或是我要買花，我會請他可否介紹賣花的朋友，建立互動關係，只要產品跟人有關，當個熱心的中間者，人們都會有天性，都會幫人介紹客戶，但是當你要推銷時，很多人都會害怕。

　　昌哥：阿昌，聽完你的分享後，我也有一套快速累積人脈的一套模式跟你分享。

　　我從 24 歲開始做業務，在以前沒有手機的年代，學長姐都會教我們挨家挨戶的陌生開發，以及掃街的方式。只要經過開門做生意的，或是路上走過去的都是我的客戶，過去遞個名片或是去路口發個衛生紙都可以留下客戶資料。

　　由於現在科技的發達，如果用瓦斯爐、用微波爐是 OK 的，你的主管叫你去砍柴，去鑽木取火就是不 OK 的！就像買電視，你也不可能去買厚厚的 CRT 電視，也都是去買薄型的 LED 電視，買手機也都不會買智障型手機，都是買智慧型手機，如果你現在的主管還在叫你去馬路上增加人脈，還在用過去的方式陌生開發，就是在緣木求魚，現在的客戶開發都必須透過網路了。

現在我們租房子會去 591 租屋網，求職會去 104 或 1111 人力銀行，2 年前我也投資月子中心的搜尋引擎，找月子中心就是 mamiguide 搜尋引擎，這樣可以省時又省力。

我的建議方法是，在人脈不多的情況下，就去認識人脈很多的人，近期因為新冠疫情的關係，無法常常出現聚會的時候，我們就可以在各個社群去經營地頭蛇，也就是版主。能夠在社群中擔任版主的，表示能策動各路英雄好漢成立一個社群，必定有兩把刷子的，要陌生開發增加人脈，必須先成為版主的焦點人物，先跟版主做非常好的朋友。

好比版主貼了很棒的文章，就要回應或按讚表示支持，如果版主團購商品，在你能力範圍內，建議你就去接龍加一，讓版主對你印象深刻，就像是如果有一間公司超過 200 個業務，若老闆這時要提拔一個當業務主管，通常老闆會先提拔業績最好的、能夠常常幫他忙的，或是配合度最高的，在群裡面經常性的曝光，並提供你的價值，有出席就會有出息。

先在網路上交朋友，之後再落地見面就更容易拉近關係了。俗話說有關係就沒有關係，拉近與人之間更多的友好關係，另外也可以經營跟版主友好的人，像是版主的老婆、老師、智囊團、兄弟、閨密等。

最後常有人說，我是家庭主婦，我又不一定需要人脈。

　　俗話說人無遠慮必有近憂，哪天你需要人脈資源的時候，請問誰會幫你？一個人怎過日子呀？不管你是否從事業務行銷，人脈的增加都是非常重要的，時代在改變，你腦袋是否有跟著改變呢？

行銷便利貼

　　1. 開始規劃在不同魚池進行捕魚。

　　2. 讓你的受眾者，感受到你可以提供給客戶想要的資訊！

　　3. 製作一段吸引人的標題或是文案。

　　4. 社群媒體的盛行，必須要建立一套讓顧客流進來的系統。

　　5. 人脈不多的情況下，就去認識人脈很多的人。

　　6. 增加人脈要陌生開發，必須先成為版主的焦點人物。

　　7. 在群裡面經常性的曝光，並提供你的價值，有出席就有出息。

17 陌生開發時一段好的開場白

> 好的開場白，是吸引顧客停下腳步願意繼續聽你說下去的關鍵。

　　昌哥：業務銷售的客源有所謂的緣故經營與陌生開發兩大方向，緣故經營對於許多業務來說，相對容易上手，因為彼此間有著一定程度的信賴關係，之後僅需透過緣故人脈然後向外做延伸並轉介紹。

　　而陌生開發由於並未存在著任何一點的信賴關係，但卻需要達到銷售成功的效果，這點是許多從事陌生業務銷售的人員最常遇到的難題。阿昌你是如何讓陌生客戶被你成交呢？

　　阿昌：昌哥，你是否曾接過這樣的電話？「黃正昌先生您好，感謝您是 XX 信用卡的優質顧客，我們針對 XX 信用卡跟 XX 人壽合作，選出了信用卡公司的限量 VIP 顧客，可以擁有超優質的保險保障內容，我的員工編號 0857 我叫賴政昌……」很多時候，事實上我們還沒聽他講完內容，就掛電話或是跟他說，很抱歉這是我並不需要的經驗！

　　過去我也曾從事過陌生電訪的工作，公司當時也給了我一張像這樣的講稿，我也照著啪啦啪啦的念……但通常

20通只有一通願意聽我把講稿唸完。經常一天約略打了150通，才會有5通可能會有後續。但一整個月下來實際成交的數量並不多，之後我就用更多的時間去換，原本一天只能打150通，我改成打200通、300通的，只能用更多的時間更大的通話量去取得成交數。但之後我透過大量的學習，理出一套有關陌生開發開場白的說話技巧，沒想到卻提升了超過200%的成交率！

我是怎做的呢？首先我會先這樣說：「黃正昌先生您好，如果每天僅需100元就可以讓您的住院醫療險的保障從原來的一天3000元，提升到一天5000元，你是否有興趣願意聽我繼續說下去？」

又或者是說：「黃正昌先生您好，有一張投資型保單是這樣的，如果每天只需要200元，期滿20年後，就可以讓您每月多2萬元的退休金使用，你是否願意聽我繼續說下去？」

是的，這是一個很簡單的開場白，用兩句話說出客戶感興趣的內容，然後再重點式的說明，可以解決他問題的內容。

另外一個實際案例是，我過去曾從事過幼兒美語教材銷售工作，當時公司安排所有的業務，在各大百貨公司設攤填問卷，並蒐集大量的客戶名單以及進行商品銷售，前兩天我也是照著公司的建議方式，拿著DM給每一個過路客，問他們「你需不需要？」「你有沒有興趣聽看看？」，或是說只要

填問卷，免費送你試聽 DVD 的。

連續2天下來，我的成績也只是普普通通，之後我改變了策略，一天成交金額卻是我過去每天成交的三倍量。

我是怎做的呢？我的開場白是這樣說的，一天只要 100 元，每天讓你的孩子生活在國外，事實上這時許多的家長竟停下腳步好奇的問我，這是怎麼說呢？是的，這就是一個很簡單陌生開發時一段好的開場白！

另外像是從事房地產投資的，就會用破解 0 元買房技巧大公開、每年 13% 房產理財術……等這類的陌生開發時的開場白技巧，也都是很容易讓顧客停下腳步，聽你怎麼說。

昌哥：陌生開發時的話術開場白，兩個關鍵字「賣點」跟「痛點」，賣點也是亮點的意思，例如我在板橋開一間拉麵店，我在跟員工作教育訓練時，提及陌生破冰 SOP 賣點跟痛點

「賣點」：豚骨湯是新鮮蔬菜水果熬煮好十幾個小時熬出來的。

別人的「痛點」：外面是開水泡大骨粉煮出來的湯頭。

讓顧客願意繼續聽你說，自然就拉高銷售的成交率！

讓顧客眼睛一亮的開場白，立即說出同品牌最大的差異點，我們是不是能夠簡單的幾句話，賣點、痛點、吸睛，讓人眼睛一亮的東西。

行銷便利貼

1. 客戶從來不在乎你的產品，他只在乎能否解決他的問題！

2. 立刻說出顧客感興趣的需求。

3. 用簡單的兩句話，說出你的商品重點，賣點、痛點、吸睛點，讓人眼睛一亮的話題。

18 如何跟顧客聊出一片天

> 不讓自己變成句點王，有技巧的聊天，讓顧客喜歡你！

阿昌：我們都知道聊天是業務工作的一部份，但許多業務，卻常煩惱著，我是句點王，跟陌生顧客不太熟，不知道該該聊些什麼，甚至覺得要一直要不斷找話題真的很難！昌哥，關於這部分你有什麼好的建議或方法呢？

昌哥：前幾天剛好有個學生也問到我這類的問題，當時她自我介紹說，她是奧拉夫的姐姐，於是我就很好奇的說，什麼是奧拉夫的姐姐？她就說她是史奴比的姐姐，我這時就問她說，妳很喜歡史奴比喔？她說：對呀！那妳喜歡史努比哪些特點呢，就這樣開始跟她聊起她很感興趣的話題！

5W1H（Why 為何、What 什麼、Who 誰、When 何時、Where 哪裡、How 如何）是我最常持續與顧客聊天引起話題的技巧。

就像是我們平常喜歡跟什麼人聊天呢？我喜歡跟有趣又有料的人聊天，而不是他一直說，而是有互動的聊天。我跟他聊天可以很舒服，可以學到東西、也可以抒發情緒、可以滿足我

的需求，只要具備這樣特質，就表示是一個很會聊天的人。

　　雖然我們並不是非要到上知天文下知地理，但至少我們也可以從外太空聊到內子宮，我們每天這麼廣泛的學習，不要僅侷限只有親子、談錢、溝通表達、內心世界，聊天有各式各樣的話題都可以聊，越有廣泛的知識，越可以聊出一片天，技術是次數的累積。以下 5 個聊天方向，可以分享給大家。

　　1. 談對方感興趣的話題：通常男生談運動、事業、把妹、車子，女生談婚姻、愛情、孩子、流行什麼，例如現在是 NBA 賽季，可以問問看他支持哪支球隊，或是他有沒有在打籃球，去聊他感興趣的話題，而不是我們自己感興趣的話題。我們若不想成為句點王，話題就必須廣泛從他感興趣的地方著手。

　　2. 談對方的事：並不是要你身家調查，而是聊聊他的原生家庭對他的影響，如何迅速拉近彼此距離，迅速找到彼此的交情，好比我們都是同鄉、同好、同興趣，他不喜歡的不要聊，好比昌哥你頭髮怎越來越少、你身材怎越來越胖，這些不要聊！地雷要小心，如果沒法察言觀色，至少地雷要注意，不要踩到地雷！

　　3. 設計問題＼請教哲學：譬如對方的事業，律師就問律師方面的問題，請教專業，你必須要表現出濃厚的興趣。如果對方肢體語言表態看起來沒興趣，你要打住話題。如果不懂就用請教方式，好比你要跟他請教打高爾夫球，可以問他說，這麼多竿子，是要怎區分哪些竿是什麼時候使用。如果

你看到獎盃，你就可以跟他請教他得獎的這方面專長。

若從五種人格特質方向做區分：

老虎型：喜歡聽目標大事業大方向豐功偉業。

海豚型：喜歡聊有趣、新鮮、好玩的。

企鵝型：喜歡中長期思考，適合談論家庭。

蜜蜂型：屬於深度思考，喜歡談論專業。

八爪章魚型：屬於寬度思考。不喜歡一個話題一直聊下去，不要聊太深，話題必須是相關性延伸，延伸問題很重要！例如聊到孩子心裡話，要設計問題

4. 同理他而非改變他：在聊天過程中你不是教練也不是老師，不要在聊天時很像在訓話很像在指導，沒有人喜歡被改變，例如在夫妻吵架時，你不見得要跟他一起罵他的另一半，但是你至少要站在他同一陣線，在聽他聊天時，可以認同他的想法。

5. 積極傾聽，勿過度的回應恩、哼：回應互動要用一些形容詞，Ex. 是、喔，真的耶、後來呢？很不簡單耶！一些形容詞！你又請教他，又延伸話題，譬如他講老闆的壞話，那你就要請教他，聽聽看他的想法，如果你離開後，你會想做什麼樣的工作呢？或許對方會說，想開咖啡廳，你就要問說，是怎樣的咖啡廳呢？為何為想要開咖啡廳呢？這樣的延伸話題。

如果開始聊不出話題且開始不知所云時，就下一次再

來，保持著高潮中結束，而不要鎩羽而歸、敗興而回，如果他喜歡金融方面，可以跟他多聊金融相關話題，好比虛擬貨幣、比特幣……等。沒有知識也要有常識，沒有常識也要多看電視，讓人喜歡跟你聊天，儒子可教也，商機人脈就因此建立了！

阿昌：昌哥，這實在是太棒了！從我過去跟顧客的聊天經驗中發現，如果我聊他們，會比我聊自己回應更積極也更感興趣，經常性的問他們問題，像是問些他們成功的經驗，或是他們的成就。尤其是成功的人，他們特別喜歡說他們成功的故事。當他們能有機會說自己成功故事時，他們就會覺得你真的是一個聊天高手，和你聊天是一件非常愉快的事。

行銷便利貼

1. 善用 5W1H，持續與顧客聊天引起話題。

2. 談對方感興趣的話題，而不是我們自己感興趣的話題。

3. 談對方的事迅速拉近彼此距離，迅速找到彼此的交情。

4. 設計問題＼請教哲學: 表現出濃厚的興趣。如果不懂就用請教方式。

5. 同理他而非改變他，沒有人喜歡被改變，不要在聊天時很像在訓話在指導。

6. 積極傾聽，回應互動要用一些形容詞，並延伸話題！

19 不被拒絕的八大邀約技巧

> 沒有邀約如同放假，有效的邀約是成交的最重要關鍵。

　　昌哥：業務成功必須踏出去的第一步，就是邀約，沒有邀約等同放假，害怕被拒絕也是大部分業務不敢邀約的主要因素！阿昌，你是如何邀約你的客戶呢？如何讓每次的邀約變得很輕鬆簡單呢？

　　阿昌：過去我剛從事業務工作時，確實最害怕的就是邀約。巨蟹座的我，每次邀約前都會開始上演著內心戲，準備拿起電話時，就開始思考著，這時我如果打過去，對方會不會剛好在休息？會不會剛好在忙？會不會正在吃飯呢？還是晚點再打好了，如果銷售不成會不會到時朋友也做不成……開始胡思亂想一番。

　　有時真打過去，對方剛好沒接，呼，反而鬆了一口氣，很開心的想：「嘿嘿……不是我沒打喔！是他剛好沒空接唷！」我就不會對自己交代不過去了！

　　怪勒！我不是在邀約嗎？怎麼反而客戶沒接，反倒開心且輕鬆了？

是的，我剛從事業務工作的頭一年，確實就是害怕邀約，以致於頭一年的業績實在慘不忍睹，直到我大量的學習並揣摩許多成功者的邀約技巧後，開始讓我不再害怕邀約。我是怎做到的呢？

　　一、首先必須先釐清欲銷售商品的價值性：先不管邀約客戶見面後是否買單，而是先釐清究竟客戶聽我做完產品分享後，他可以得到哪些好處？例如：

　　1. 我過去曾從事過傳銷環保日用品公司，他的商品價值性是天然、安全、環保、無毒、經濟實惠、有效，這些民生用品同樣都要花錢，為何不換個安全環保一點的日用品使用呢？

　　2. 我從事幼兒美語教材，他的商品價值是，也可以給予孩子一個美語環境，從聽、說、讀、寫、玩，都可以看得到，摸得到，玩得到！

　　3. 我從事房地產銷售，他的商品價值是，一條龍自建自售的產品服務，豪宅的價值，卻無須豪宅的價格。

　　以上例子，都是要為自己的商品找到價值性！

　　二、調整邀約的心態，邀約是為了創造彼此間的雙贏：客戶會因為我的商品可以幫助他解決什麼樣問題？而我只是賺取我微薄的專業服務費！例如：

　　1. 組織行銷環保日用品公司，幫助客戶遠離毒害得到健康，在不用多花錢的情況下，還可以讓客戶得到一份增加收

入的機會。

2. 幼兒美語教材，讓家長更省錢，不用花大錢出國也可以有一個美語學習環境。

3. 房地產，讓客戶買到一間會賺錢且增值的房子。

以上例子，讓客戶感受到，我是給予，不是拿，做到的是手心向下，而不是手心向上，他因此得到的好處比我多更多。

三、邀約時的態度必須顯得快樂又很輕鬆：你銷售的商品是在幫客戶解決問題的，既然是幫客戶解決問題，那更應該在邀約上的口吻是快樂，且輕鬆的。讓客戶感受到你這通電話的邀約是天降甘霖的感覺，是來幫助他的。

切記：客戶是不會掏錢買他不需要的商品的，邀約時也千萬不能太過嚴肅。

四、建立好目標客戶名單：再厲害的神射手也打不中看不見的靶，邀約前，必須先行準備好客戶名單，不要預設立場，把熟識與不熟識的客戶名單都列出來，即使客戶可能對你的商品暫時沒有需求，但千萬別忽略了，你的客戶也有他的朋友或是客戶，轉介紹名單也是重要的客戶來源，並持續的更新你的客戶名單。

五、找出具購買意願的決策者：打電話前可以稍做釐清，或是在電話中可以做試探詢問，如果決策者沒出來前，別急

著做銷售。例如：

1.銷售民生日用品時的採購者，通常都是家庭主婦，或是家長，如果邀約的對象並非決策者，我會確認，可否直接約在他家裡或是約夫妻一起。

2.銷售幼兒美語教材時採購者，我會在電話中先釐清出資者會是誰、誰可以決定這件事情。

3.房地產銷售時，我曾溝通過一個顧客到下訂，兩天後卻被退訂，因為我忽略對方其實是個媽寶，即使清楚知道出資者是他自己，但忽略了決策者其實是他的母親，以致於最終這案子並沒成。

六、封閉式邀約：俗稱的雙刀法邀約，你是要約禮拜一還是禮拜二？約上午還是下午？約兩點還是四點？約肯德基還是麥當勞？封閉式的提問，讓客戶進入潛意識的選擇，更容易答應你的邀約。

七、記錄完整通話內容：掛完電話後立刻記錄你與客戶間的重要對話內容，一旦見面後，不用再重複問對方相同的問題，讓客戶有被受重視的感覺，成交會變得更容易。

昌哥：阿昌我另外再補充分享一個邀約技巧，也可以有效提升邀約的成功率。

八、假性轉介紹：過去我從事圖書銷售時，我走到一個辦公室或是地方時，我會先假性請問，貴單位有沒有比較重

視孩子教育的人？或許對方會說，你故意不問我，是不是覺得我不重視孩子教育？這時或許對方會說，我就是喔！這時你就可以進行面對面銷售。

另外你也可以問，請問你朋友裡面有沒有比較喜歡學習的人，因為喜歡學習的人，生命可以變得更自在，運勢會變得更好。對方這時可能會問，那請問你們是學習什麼類型的？這是所謂的假性轉介紹的方式。

假設這八種方法萬一還是邀約失敗呢？我們要說什麼？

你要說，如果你對這方面比較沒興趣，可以請問是什麼原因讓你不感興趣呢？是因為沒空？還是時間不對？還是沒有預算？因為我們公司有個規定，如果你沒有需求沒關係，但是公司會要求我們瞭解是什麼原因？我們還是可以做記錄，知道顧客拒絕的原因是什麼。

行銷便利貼

1. 釐清欲銷售商品的價值性：這項商品可以得到哪些好處？
2. 調整邀約的心態：商品可以幫助他解決什麼樣問題。
3. 態度必須顯得快樂又很輕鬆：既然是幫客戶解決問題！那更應該在邀約上的口吻是快樂，且輕鬆的。
4. 建立好目標客戶名單：再厲害的神射手也打不中看不見的靶，持續的更新你的客戶名單。
5. 找出具購買意願的決策者：決策者沒出來前，別急著做

銷售。

　　6. 封閉式邀約：俗稱的雙刀法邀約，讓客戶進入潛意識的選擇，更容易答應你的邀約！

　　7. 記錄完整通話內容：記錄你與客戶間的重要對話內容，讓客戶有被受重視的感覺！

　　8. 假性轉介紹：透過聲東擊西的方式，引起對方再次詢問的好奇心。

　　9. 最終萬一還是邀約失敗時，記錄，知道顧客拒絕的原因是什麼！

20 超強邀約技巧術

銷售的成交關鍵，出來再說。

昌哥：我們都知道不少從事銷售工作的業務，很多時候不是產品解說能力不好也不是商品不好，較常發現的是，有顧客卻約不出來的問題，關於這點，阿昌你是怎進行邀約的呢？

阿昌：過去我從事組織行銷業務工作時，公司賣的是日常生活用品！由於在台灣，有不少人對於組織行銷是恨之入骨的，也非常的排斥。當時有不少朋友聽到我從事傳銷工作時，都避而遠之，讓我想坐下來好好談的機會都沒有。

幾次嘗試邀約，都說沒興趣，不想聽、我討厭傳銷、現在沒空、再說……等，這類的理由拒絕我了。後來我透過大量的學習，綜合出一套邀約話術，也讓我幾乎達到百分之百都能順利的邀約成功。

首先，必須先確定好該顧客可以通電話的時間點，通常建議的時間點為上午 10：00 ~ 12：00 之間，下午 14：00 ~ 17：00，晚上 19：00 ~ 21：00，當然還是要瞭解該客戶的生活或工作習慣！

再來就是要先擬出簡單的開場白。千萬不要用「請」這類太過禮貌的字眼，反而會讓顧客感到距離感。可以用很輕鬆的開場白。ex.昌哥你吃過飯了沒？阿昌，你在幹嘛？

　　接下來進入邀約主題話術，這裡區分為，直接或是間接。直接通常90%會被拒絕，間接有90%的機會願意出來聽你說，當然這時應該就沒人想聽直接是怎邀約的吧！因為失敗率太高了。

　　而間接的邀約話術，若以我過去經營的日用品傳銷公司為例，我會是這樣說的。

　　Ex.昌哥，我最近在經營一家郵購超市，我有一些超市的目錄，我拿些目錄給你。有機會幫我拿給身邊的朋友參考。

　　Ex.昌哥，我當老闆了，賣的是一些民生用品，我這邊有一些特惠的月刊，拿一些給你，有機會幫我分送給你的朋友。

　　從以上的話術，我有幾個關鍵重點：

　　1. 我用的是肯定句，而非疑問句：「我拿些目錄給你參考！有機會幫我拿這些目錄給身邊的朋友參考！」「我這邊有一些特惠的月刊，拿一些給你，有機會幫我分送給你的朋友！」因為我使用的是肯定句，通常顧客會直接的反應是，好啊！沒問題！可以呀……等的。

　　2. 若我改用的是疑問句：「我可以拿些目錄給你參考嗎？」「我可以請你幫我拿目錄給你朋友參考嗎？」這類的詢問句，通常很容易讓顧客直接的回答，可能不好！這似乎

不太方便……等，回絕你了！

3.「有機會幫我拿給身邊的朋友參考」、「有機會幫我分送給你的朋友」，這句話，主要的銷售對象，不在於電話那頭的顧客，而是在他身邊的朋友，只要交情不要太差，基本上很少人會拒絕的。如果我的銷售對象直接是針對他，這邀約會直接被拒絕，因為大部分的人都不喜歡被銷售。

補充說明，如果你瞭解這客戶自主權不強，通常我會建議約在客戶家裡，因為就沒有理由說，「我必須回去問我老婆」了。

這時，或許會有人問，這樣我約出來後，是不是真的只能拿目錄給他的朋友參考了。事實上，只要你約出來後，見面時你的朋友一定會問，「你要我跟朋友分享的是什麼樣的產品呢？」接下來就是換你如何對他進行產品說明了！而非只是侷限於拿目錄給他的朋友參考了。

昌哥：過去我從事圖書銷售時，有個還不錯的邀約話術也可以跟阿昌你做分享，過去客戶其實是很怕跟我們見面的，很怕我們會強迫推銷他東西，通常我這時會先跟顧客說，給我一個小時的時間，你會有兩個心理準備：

1. 不要想說，是不是聽了不買都不行：不買是不會對不起我的，所以不要拒絕聽我說，關於這點你可以很放心，我只是單純的希望你給我分享的機會，如果看了就一定要買，那跟黑社會沒什麼兩樣是吧？你看我的樣子像黑社會的嗎？

2. 聽完之後，如果很喜歡，也不要故意說不要：或許聽完之後有喜歡，我們可以討論看看，如何減輕您的負擔！我這邊就像大賣場一樣，試吃、試喝，也不一定需要買，喜歡再買，差別在大賣場是你過去，而我這邊是我過來，差在這而已。

顧客最在乎的問題為破題邀約的方法：俗話說哪裡痛就打哪裡，你對於一個產品若能節能 20% 的電費，或是你對於 OOO 的方式，可以幫助您 XXX 會有興趣嗎？設計他最在乎的問題為破題的方法，最後補充到，我只需要耽誤您 15 ～ 20 分鐘的時間就可以了你。

我們提供的只是我專業的資訊分享給你，而這是我專業的邀約。

行銷便利貼

1. 先確定好該客戶恰當的聯絡時間點。

2. 簡單且輕鬆的開場白，避免尷尬與拘謹。

3. 擬定好一段間接的邀約話術，別把電話那頭的顧客，當成一定要銷售的對象。

4. 先打預防針，並告知顧客，給我一個小時的時間，你會有兩個心理準備。

5. 顧客最在乎的問題為破題邀約的方法。

21 如何引發顧客購買動機

> 顧客其實買的是一種感覺，銷售的流程其實就是一種逐步相信的過程！

昌哥：阿昌，聽說引發動機是你在銷售領域上，歷久不敗的強項。可否分享一下，你是如何引發顧客的購買動機呢？在這過程中，你又是做了哪些以及說了些什麼，因此讓顧客買單？

阿昌：在整個銷售流程中，引發顧客購買動機，是我最愛的一段過程，也是最有成就感的一環，但這也是最深度的一個內容，絕非幾個字就可以說明清楚的。

在這裡我就簡單的跟昌哥您分享，我曾經有過一次被成功銷售的很特別經驗。

年輕時我曾經去銷售中心看車，當時看上一台標誌的五門掀背小車，開價約 90 萬，當時預算上的考量，屬意這台轎車，無意間在展間注意到一台馬力配備幾乎一模一樣，卻是敞篷版的雙門轎車，售價卻是 160 萬左右，足足高了我先前設定的那台近 70 萬元。

當下我聽完售價後眉頭深鎖，卻又是一再地回頭看呀看的，這時汽車銷售業務發現我似乎有點喜歡，卻因為價錢上超出我的預算不少，且評估覺得認為這車的配備CP值沒這麼高，只是因為敞篷版挺漂亮而特別的貴。

這時業務巧妙的邀請我坐進駕駛艙，他說，坐坐看又不用錢，不一定要買。就這樣我坐了進去，並請我閉上眼睛握著方向盤感受一下。

他開始分享著說，賴先生，你是否有過這樣的夢想，就是駕駛著敞篷跑車，奔馳在郊區，一邊是山一邊是海，並在山間中奔馳的快感。

倘若再配上輕鬆的音樂，副駕駛座還載著妳的夢中情人，她一頭飄逸的長髮，再戴起太陽眼鏡，香車配上美人，你也立即成為了眾人目光的焦點，這種感覺是不是很棒！

他問我說，我們每個男人是不是都有敞篷跑車的夢呢？你是希望等到你年紀大頭髮都禿了的時候，再完成這樣的夢想呢？還是趁著年輕可以立刻擁有呢？過了年紀，到時你又是一家老小的，為了顧及家庭乘坐的舒適度，你只能開著休旅車或家庭轎車載著家人出門，你還有時間和機會開這樣的雙門敞篷跑車享受人生嗎？

我知道你有預算上的考量，倘若我們貸款分五年 60 期，每月只是讓你多花 1 萬元左右，就可以立即升級擁有，直接

完成男人的敞篷跑車夢想，這感覺是不是太棒了呢？每月多這一萬，看似負擔，但是我相信賴先生你是有能力負擔得起的！我當下點點頭，就這樣的竟然被締結了！

這汽車銷售業務其實所運用的關鍵技巧就是「追求快樂」，他在言談中，讓我走進一種喜悅與快樂的氛圍中，並透過巧妙的問話技巧，確實就讓我被成交了！

從這案例中，過去我從事傳直銷業務銷售工作時，也曾面對過一個家庭主婦，當時我跟她分享我們家的環保清潔用品，並告知她居家清潔的石化洗劑潛藏的致命危機，她當時只覺得我是在危言聳聽，唯恐天下不亂！

於是為了證明我講的是真的，我拿了一些相關簡報以及恐怖的居家毒害影片播放給她看！當她看完後，我運用了提問式銷售問話技巧——

問她說，妳愛不愛妳的家人？她說當然愛呀！

那妳愛不愛妳的孩子呢？她：這還用問嗎？

那您愛不愛妳自己呢？她：這肯定的！

如果在不用讓妳多花錢的情況下，只是換個超市換個品牌，就可以讓全家人遠離毒害，得到健康，妳願不願意做這件事情呢？她似乎懂了，這時的她就立刻掏出錢來，購買最大的套裝組合，一次就把全家從頭到腳的石化清潔用品都換成安全環保無毒的商品！

昌哥：我知道，阿昌你這次成功的引發顧客購買動機的

關鍵，其實就是讓顧客「逃離痛苦」。

「追求快樂」與「逃離痛苦」，是我們引發顧客購買動機慣用的關鍵手法。倘若這環節沒觸擊到顧客的心坎裡，即使產品再好，價格再實惠，一切也是徒然。

銷售的流程當中必須掌握現場的氛圍，適度的引發需求，並問對問題是很重要的，在製造情境下，讓顧客沈澱在你的引導問句之中。一旦頻率調對了，基本上成交就在掌握之中了。

行銷便利貼

1. 透過提問式銷售問對顧客問題。
2. 製造情境，與顧客間調頻率！
3. 追求快樂，讓顧客沈澱在喜悅期待之中。
4. 逃離痛苦，挖掘顧客內心的痛，並尋求改變。

22 銷售最強問句！

成交的關鍵，必須先釐清顧客的需求，並適度的給予最佳解決方案

昌哥：我們都知道銷售的最終目的就是為了成交，在銷售領域中，能言善道的業務非常的多，但是很多時候反而說得多，是阻礙成交的關鍵！

真正的超級業務，反而是說得少卻問得多！透過引導式提問，來瞭解顧客真正的需求，並適度的給予最佳解決方案，才是成交的真正關鍵！

關於引導式提問，又是一門學問，阿昌你在銷售的過程中，你都是對顧客問哪些問題？並達到最終成交的結果？

阿昌：昌哥說到這點，過往以來，我在顧客眼中算是很能言善道的業務，回想當初剛從事業務銷售工作時，由於年輕體力好，一天可以面對四、五個顧客，拼命的跟顧客分享公司、產品、制度都不會累。甚至有時跟顧客聊完，結果顧客卻不知道我在說什麼，應該是說由於我說的太多，反倒他們似乎完全無法消化我說的內容。最後不僅我說得很累，卻

也沒成交。

之後我透過不斷的學習，學習到所謂的提問式銷售後，看似這是一個很好的銷售方式，但卻還是經常的不知該問什麼，或是不該問什麼，反而有時因為問錯顧客問題，反倒造成本來該成的卻沒成。

於是我透過大量的累積失敗經驗後，逐步理出一套有系統的銷售問句，為自己的成交加分。

第一句問題：是什麼原因驅使你想要進行這次的會談？仔細聆聽顧客的需求，盡可能不打斷他們，而是讓他們盡情的說。

第二句問題：你的痛點是什麼？釐清顧客的問題點。

第三句問題：這個問題困擾你有多久了呢？瞭解顧客對這痛點困擾有多久，顧客有急迫性的需求嗎？

第四句問題：你主要會想解決什麼樣的問題呢？瞭解顧客最優先在意的點是什麼？

第五句問題：你想達到什麼樣的理想目標呢？瞭解顧客最終理想的目標是什麼？

◆

我舉個實戰的例子好了，當我從事汽車銷售工作時，我會先詢問我的顧客

第一句問題：是什麼原因驅使你想要來這邊看車？或是這次您來你希望我能為你做哪方面的服務？

第二句問題：你目前的車使用狀況如何？是因為空間？

還是油耗？或是老舊？還是安全問題呢？

第三句問題：這台車的油耗或是空間問題影響你多久了呢？

第四句問題：對於這次看車，你最想優先解決問題是什麼？

第五句問題：對於這次看車，你會想買到什麼樣的車，或是你理想的價格區間是？

❖

套用在房地產投資理財工作時──

第一句問題：是什麼原因驅使你想要來進行這次的諮詢會談呢？

第二句問題：你在理財規劃上遇到什麼樣的瓶頸或是碰到什麼樣的困難呢？

第三句問題：理財規劃上的問題困擾你多久了呢？問題到底出在哪裡了呢？

第四句問題：這次諮詢，你會希望能解決什麼樣的問題呢？

第五句問題：你理想的投資效益希望達到什麼樣的階段呢？

任何銷售工作的目的，是為了將我的產品作為一個橋樑，去幫助顧客解決問題，一旦解決方案和問題吻合了，就成交了！沒有痛點就沒有銷售，必須讓你的產品成為最佳的解決方案

昌哥：這些確實是很棒的銷售問句，另外我這邊也想跟大家分享一點，我最常使用的銷售問句。

　　假如（IF）……你會購買嗎？：

　　假如這些問題都不存在，你會購買嗎？你會現在做決定嗎？

　　例如：當顧客不管丟什麼難題，不管是沒錢、沒空、沒時間……等。

　　假設這些問題都不存在，你還有什麼問題呢？利用這樣的說法，可以使顧客講出真心話。

行銷便利貼

1. 先釐清顧客的需求，並適度的給予最佳解決方案。
2. 五個關鍵問句，蒐集顧客問題。
3. 第一句問題：是什麼原因驅使你想要進行這次的會談？
4. 第二句問題：你的痛點是什麼？
5. 第三句問題：這個問題困擾你有多久了呢？
6. 第四句問題：你主要會想解決什麼樣的問題呢？
7. 第五句問題：你想達到什麼樣的理想目標呢？
8. 第六句問題：假如（IF）……你會購買嗎？

23 如何讓顧客主動說出我想購買你的產品

> 銷售的最高技巧，就是從沒需求的顧客，卻主動跟你說出，我想購買。

昌哥：人們害怕被推銷，卻喜歡買東西，如何讓顧客主動說出我需要，事實上這是許多業務最渴望的結果。我們都知道不銷而消的道理，但實際上在銷售的過程中，卻又很難做到不銷而消，阿昌關於這點，你會怎麼讓你的顧客主動說出我想購買你的商品呢？

阿昌：昌哥，我們通常在什麼情況下會想吃東西？

昌哥：通常是肚子餓的時候呀！

阿昌：如果你肚子還不餓的時候，我卻把香噴噴的雞排在你面前晃呀晃！這時你會不會也想買來吃呢？

昌哥：這肯定的呀！

阿昌：是的，只要搔到癢處，引發顧客的嗅覺，他就買單了！

我舉我銷售保健食品時的案例做說明：

業務：請問你通常在什麼樣的情況下會想努力賺錢？

客：缺錢的時候，就會想努力賺錢了！

業務：你什麼樣情況下會開始重視自己的健康呢？

客：當醫生跟我說我身體需要保養了，再不保養就會有生命危險的時候！

業務：請問你覺得怎樣的保養對健康是最好的？

客：早睡早起，多運動，多吃健康有機有營養的食物

業務：你覺得健康營養的食物要吃多少才叫足夠呢？

客：基本上應該要每日五蔬果吧！

業務：妳知道每日五蔬果指的是，五個拳頭大的量！你覺得現在一般上班族容易做得到嗎？

客：應該不容易吧！

業務：如果每天可以做到每日五蔬果，你覺得需要花多少錢才夠呢？

客：現在水果並不便宜了！每個人每天至少應該要200元左右吧！

業務：如果有個商品每天僅需花100元，就可以讓你輕輕鬆鬆補足每天足夠的營養，你願不願意瞭解看看呢？

客：怎麼可能，如果是這樣的話那實在太棒了！我想要！

是的！讓你的客戶主動說出他想買！而且一切對話的過程，都是讓他自己說出口！這樣是不是很棒呢？

這樣的對話方式，我是如何進行設計的呢？運用動機、需求、條件這三個流程！

一、動機：引發動機成功的關鍵是「追求快樂」與「逃離痛苦」，透過大量的提問方式進行，勾起顧客的購買動機。

二、**需求：**顧客是絕對不會購買他不需要的東西，而是你能否解決顧客的問題，持續透過提問方式進行，讓顧客認同你所提出的解決方案。

三、**條件：**價格絕對是顧客的考量，透過金額細分法，解決顧客對價格產生的問題。甚至讓顧客覺得他買得起，他做得到，引發顧客對你的商品感到興趣。

我再舉我從事房地產理財時的案例做說明——

假設我最終是要讓顧客願意主動投資我公司物件時，我會這麼問：

業務：請問你覺得一個人若 60 歲退休，需要準備多少錢才夠？

客：應該 1000 萬就夠了吧！

業務：根據國人統計至少 2000 萬才夠！

客：怎可能這麼多？

業務：現代的人越活越長命，活到 8、90 歲已經算是常態！所以至少得準備 20~30 年的退休金才夠，這你同意嗎？

客：好像是這樣耶！

～以上談的是動機～

業務：請問你的理財工具是什麼？

客：保險、股票、基金、定存……等。

業務：請問你選擇的理財工具中，每年平均報酬率大約是多少呢？

客：大約是 2~5% 之間吧！

業務：若依照你原來的工具和方法，你多久能存到2000萬退休金呢？

客：應該永遠都存不到吧！

業務：你同不同意中國人有句俗語，叫有土斯有財！

客：同意的！

業務：你同不同意台灣大部分的有錢人，基本上都跟房地產有關！

客：沒錯！似乎是這樣的！

～以上談的是需求～

客：但買房需要資金的頭期款需求很大，沒這麼容易啦！

業務：是的，解決頭期款不足的方法事實上是有的，你不知道並不代表沒有在發生！

客：那請問要怎麼做呢？

業務：在你的能力範圍內，事實上我就可以協助你輕輕鬆鬆為自己累積資產！你願不願意聽聽看我的策略和方法。

客：如果是這樣的話那實在是太棒了！我願意！

～以上談的是條件～

昌哥：確實，透過動機、需求、條件三個主軸做設計問題，確實很容易主動讓顧客說出他的購買意願。另外我也會善用視覺與觸覺效果來提升顧客的購買意願。

過去我從事圖書銷售工作時，我們都會準備一個資料夾，資料夾裡面我通常會放很吸睛的東西，因為視覺化會讓顧客的潛意識被挖掘出來。我大部分的同事，都放很多書在

書櫃裡的照片吸引顧客的視覺，而我卻反其道而行，我放的是一些中輟生的結夥搶劫或殺人犯的照片，並告訴媽媽們，我們教育孩子不一定要買書！但是我們想想看，如果我們沒有買書教育孩子，是不是就會給他玩具或是3C商品讓他自己去玩。

現在沒有心思花在孩子身上，孩子將來以後長大，妳就得花更多心思處理他捅出簍子的問題！倘若你現在經常的把他抱在膝上念書給他聽，增進親子間的互動閱讀，這樣孩子的愛閱讀的好習慣是不是會改變。

透過對顧客有力量與有利益的詞句，讓顧客視覺化的感受，甚至如果你的商品是可以體驗的，賣車的請他坐一下車，賣房的請他進屋內感受一下，賣沙發請他躺一下，賣保養品的請他抹一下，這類的體驗式行銷！事實上也會讓顧客主動說出想購買你的產品。

行銷便利貼

1. 動機：透過大量的提問方式進行，勾起顧客的購買動機！

2. 需求：持續透過提問方式進行，讓顧客認同你所提出的解決方案！

3. 條件：透過金額細分法，解決顧客對價格產生的問題！引發顧客對你的商品感到興趣！

4. 善用視覺與觸覺效果來提升顧客的購買意願，透過對顧客有力量與有利益的詞句，讓顧客視覺化的感受。

24 顧客說沒錢

「釐清」顧客所表達的弦外之音，進而採取有效地策略，適時的給予最佳的解決方案。

　　昌哥：阿昌你知道嗎？許多的業務員聽到對方沒錢的時候，只想著用降價來吸引顧客購買，這完全是個錯誤的作法，降價只會顯得你的產品廉價，更會讓顧客覺得你只是為了成交而成交。

　　當顧客對產品價值認知出現了問題，自然就不能用降價來解決問題，反而會讓顧客更避而遠之。關於這點，阿昌你遇到顧客說沒錢時，你會怎回應呢？

　　阿昌：是的！我非常認同。還記得我有個顧客，他從事的是殯葬禮儀工作，由於這個行業在台灣算是相對的競爭，他一直有很大的危機意識，再加上他有三個子女教養，每月的生活支出壓的他喘不過氣來。

　　有一次他透過臉書，報名了我一場房產理財講座，當天他聽完後很興奮的跟我說，他也很想要進行這樣的理財方案，但是卻無奈的表示他沒有錢，需要回去跟太太討論一下。

回去討論後，他太太更是憤怒的表示，養小孩的負擔都這麼重了！哪有多餘的資金去做房產理財呢？當場潑了他冷水。當下他心情非常低落，並懊惱的撥了一通電話給我，希望能安排他太太跟我做一次一對一的諮詢。

　　就這樣，我們敲定一次一對一的茶敘時間。

　　坐下來的當下我並未急著先開口說明，而是選擇先傾聽他與太太間的衝突、矛盾。當時他太太的情緒非常憤怒，覺得他先生怎會有這樣的想法呢？應該要先以家庭生活孩子教育為優先，有閒錢之餘再考慮做投資理財才對呀！

　　談話中我也聽到了他有一筆資金正準備拓展到寵物殯葬市場，開啟事業第二春。他太太也提出對於房地產未來的不確定性，甚至也質疑我們家的商品是否具有其市場競爭性，當下我開始釐清他的問題與矛盾點。

　　我先用簡短的十分鐘，分享我過去的成長故事與房產理財的實戰經驗，加深他太太對我個人的信賴感。畢竟這是她跟我之間第一次見面。之後呢，我開始洽詢他若是把資金繼續投入到寵物殯葬業的機會與風險會是如何呢？我發現他的回答是覺得這條路是有風險的。

　　另外我再請教他，若依照原來的工作或是方法，孩子的教育基金真的足夠嗎？他的回答是否定的。於是我開始跟他分析這商品可以幫助他解決什麼樣的問題，說明房地產理財並非是花錢，而是存錢，我們只是把錢放在相對保值並能夠

對抗通膨的一種理財工具。另外我也跟他分析未來房市的走向以及趨勢，增添他對房產理財的信心。最終也強化他對我們公司商品的絕對優勢與自建自售，包租代管的一條龍服務，讓他覺得房產理財並非太複雜與困難的事情。

我透過不斷的提問式銷售，加強他對我的信賴感，以及逐一的解除他心中的疑慮，並告知他這商品能幫助他解決什麼樣的問題，最終並強化他對這商品的信心。

就這樣他們夫妻也徹底說出並非沒錢，而是當初的意願不高，最終顧客不僅只是購買一戶，而是一次兩戶，正所謂：「沒有能不能，只有要不要！」這也是我過去一次很成功的銷售經驗。

昌哥：過去我們從事業務銷售碰到的問題中，最常遇到的就是顧客說我沒錢。

每當我聽到這方面的問題時，當下的我並不會立即的去做說明並解釋，而是我們必須先釐清顧客所表達的弦外之音，真正沒錢的問題是什麼？是我的產品價值性不夠高呢？還是他對產品的信心度不足呢？又或是其實他是對我個人帶給他的信賴感不足呢？

我同樣也會透過大量的提問式銷售，抽絲剝繭出他沒錢的真正原因！

當他說我預算不夠的時候，可能是他認為他對你的信賴感還不足夠。

當他說我預算不夠的時候，可能是他不知道這商品能給他帶來什麼樣的好處？

當他說我預算不夠的時候，可能是他不打算把錢花在這商品身上。

當他說我預算不夠的時候，可能是他認為你的產品不值這麼多錢。

當他說我預算不夠的時候，可能是他對你的產品信心度不足。

除非你可以證明這是一筆划算的消費，否則顧客是不會買單的！

行銷便利貼

1. 當顧客說他沒錢時，你必須先釐清顧客沒錢的真正原因！

2. 若信賴關係不足夠，必須先強化與顧客間的信賴感。

3. 運用提問式銷售！瞭解顧客的實際狀況！

4. 明確的告知這商品可以幫助他解決什麼樣的問題！

5. 增強顧客對商品的信心，告知他公司商品的絕對優勢與未來機會！

25 顧客說你們的產品比較貴

> 　　顧客永遠關心的是價格，讓顧客感受到物超所值，顧客才不會一味地只追求價格。
> 　　俗話說：「價值不現，價格不出」，我們究竟如何來展現價值呢？

　　昌哥：阿昌，你從事業務銷售工作十多年，是不是很常遇到顧客說你們家的產品比較貴的問題，通常你會怎回答？

　　阿昌：確實，這類問題我幾乎是每天都要面對，也很多業務經常問我這方面問題！

　　過去我在銷售幼兒美語教材時，我跟一位新手媽媽分享我們家的美語幼兒教材時，並告訴她這套教材帶給幼兒的好處，當下也熱情的展示了我們最新的教材給她，有玩具、教具、有聲書……等。

　　她看完我的產品展示後，很興奮的跟我說，我要！我要！我要！我立刻把整套 18 萬的價格告訴她，妳是要刷卡還是付現呢？她當場愣住了，說……怎會這麼貴？她說別家的美語教材也不過 6 萬多，我們的卻要 18 萬！足足是別人的三倍之多呀！我不疾不徐的主動運用了提問式銷售，跟媽

媽說，請問妳會想買一套幼兒美語教材的目的是什麼呢？是不是希望給孩子一個美語學習環境，贏在起跑點？

她點點了頭！

另外媽媽我們來上網看看，看妳說的那套 6 萬的教材是不是很陽春，只有簡單的教具，連幼兒玩具都沒有，也沒有有聲書，也沒可愛的動畫米老鼠……等！

雖然同樣都是幼兒美語教材，但周邊的配備與全方位幼兒學習環境的設想都沒有！是不是差很多呢？

就像是同樣四個輪子的車，有國產車，也有進口車，價格也差了三、四倍，為何許多人依然願意掏錢購買昂貴的進口車？品質與安全性一定不同，妳說是不是！她點點了頭！

媽媽，妳知道為什麼這麼多的父母為了讓孩子學美語，都送去國外學習的原因嗎？她說是環境！是的，妳說的完全正確，就是環境！我們的這套美語教材跟別人最大的不同，給的就是完整的學習環境！

另外媽媽妳知道送孩子去國外唸書，一年要花多少錢嗎？她說：最便宜應該也要幾十萬吧！

是的！你想想，我們這套美語教材 18 萬，給的就是環境，再來呢？這一套妳可以用 10 多年，平均每年才花 1 萬多，另外媽媽妳還會生二寶吧！這一套還可以給下一個孩子繼續使用！若再除以二，是不是換算下來很便宜呢？

而且現在買，還送你一年的電話英文老師對話教學服務！可以讓孩子不僅有環境，還有真人的對話互動，你說是不是很棒呢？

這時的她開始露出興奮的笑容！

媽媽，請問你是要刷卡還是付現呢？就這樣很輕鬆順利的成交！

從現今市面上同性質的商品琳瑯滿目，消費者對於商品價格總是習慣性的做比較！從事業務工作的銷售員，既然無法改變公司的產品定價策略，就只能改變銷售模式！

昌哥：阿昌針對上述案例，我綜合拆解你的幾個步驟——

1. 先釐清顧客購買的動機是什麼？想解決什麼樣的需求問題。

2. 透過比較法，讓顧客理解，價格貴或便宜也都是比出來的，所以要讓顧客清楚知道，是拿這價格與什麼做比較？

3. 讓顧客瞭解這商品可以解決他什麼樣的問題。

4. 透過金額細分法，讓金額看起來變小，平均每年、每月或是每天只要多花多少錢，甚至將不同產品差價的金額，除以可用的年限，去比較差價。

5. 將細分後的金額，與顧客獲得的好處掛勾，創造出超級划算的感覺。

6. 給顧客一個現在就買的理由！好比說，今天買送什麼，或是今天買有什麼樣的好處……等。

7. 最後使用二選一成交法，拿下訂單，是要刷卡還是付現呢？不要讓顧客有太多思考選擇的機會！

以上這樣沒錯吧！

阿昌：沒錯的，另外也有個簡單的方式應對，就是當顧客說你的產品比較貴時，我們也可以這麼說：我同意你的感受和發現，當我一開始聽到公司的商品定價時，我自己也感覺有點貴，你知道後來我發現了什麼嗎？之前我一個工地主任朋友，看過我們公司使用的建材與設計後，馬上自己都下訂一戶，他說這樣的設計與房型，搭配上這樣的價格，實在是太佛心了！「當同理心大於企圖心時，顧客會因為你同理他而打開心房。」

行銷便利貼

1. 釐清顧客問題，才能對症下藥。
2. 透過比較法，讓顧客理解，價格貴或便宜也是比較下來的。
3. 瞭解這商品可以解決顧客什麼樣的問題！
4. 金額細分法，讓金額看起來變小了。
5. 將細分後的金額，與顧客獲得的好處掛勾。
6. 給顧客一個現在就買的理由！
7. 使用二選一成交法，拿下訂單。
8. 運用顧客的同理心，我同意你的感受和發現。

26 顧客說我需要再考慮一下

> 在銷售的過程中，釐清顧客無法立刻下決定的
> 原因！解開顧客心中的結，才能達到真正的成交！

　　昌哥：從事業務銷售中，最常遇到的問題，就是業務
經常講得口沫橫飛，顧客的回應也是非常的熱烈。當下欲
請他下單購買時，顧客卻表示說「我需要再考慮一下」，
究竟顧客是在考慮什麼？阿昌，關於這點，你通常是怎處
理的呢？

　　阿昌：一直以來減重是我永不放棄的目標，甚至已經變
成了我的口號！這幾年也試過非常多的減肥產品，像是代
餐、燃脂錠或是奶昔什麼的！有時為了加強效果，也會去參
加減肥訓練營等活動。

　　事實上每次只要堅持一下，的確都可以瘦下來，但是因
為我工作性質的關係，交誼活動或是應酬的聚會都非常的
多，一旦鬆懈後很快又打回原形胖了回去！

　　上週有個朋友跟我分享一項減肥產品，當下聽完確實很
吸引人，他也拿了許多相關的資訊給我參考，並證明這產品
是可以有效阻隔油、水吸收！當下也給了我產品報價，最後
他再次的詢問我是否馬上下訂單，我的回應卻是：我需要再

考慮一下。

　　究竟我在考慮什麼呢？我考慮的是，我不確定這產品會不會跟之前一樣吃了沒效，以及這價格並不便宜耶！有效貴就算了，萬一買了跟之前一樣沒效，不就變成一種浪費！甚至我也害怕自己衝動下錯決定，是不是多評估多比較想想再做決定呢？另外再加上我目前還有他牌的減重產品還沒吃完，不然等我吃完再考慮看看好了！是的，這就是顧客之所以會說，我再考慮一下的真正原因！

　　當我從事房地產銷售工作時，也遇到客戶對我說，我需要再考慮一下！這時，我會這麼問：「請問你是因為不感興趣呢？還是感興趣但還不確定？」

　　一、不感興趣：通常我通常會先對客戶說，對於這商品不感興趣是絕對沒有問題的！只是我可以冒昧的跟你請教一下，你對這產品不感興趣的原因是什麼呢？是因為有更好的投資方案呢？還是暫時沒有這方面的需求？或是未來也許有這需求，只是暫時還不確定呢？
　　事實上我並沒有強迫他一定要購買，所以客戶並不會感到壓力。而我只是透過這樣的詢問，算是對客戶一次免費的市場調查。可以做為之後在銷售時，釐清客戶不買的可能問題！

二、感興趣但還不確定：這時我會繼續詢問客戶，請問你感興趣但不確定的原因是什麼呢？這時通常大部分的原因會有以下三點：

1.不確定這商品能否解決顧客的問題：首先謝謝你對我們公司蓋的房子感到興趣，也願意告訴我實話。當顧客還不確定這商品能不能幫他解決問題時，我這時就會問顧客，是因為對於這樣的投資報酬率，不如你的預期嗎？還是你會希望怎樣的投資方案呢？我可以適度的幫你解決這方面的問題！

事實上這樣你又可以跟顧客重新拉回談判桌上，再次引導顧客，為顧客解決問題！並達成最後的成交。如果你不能解決顧客的問題，那他當然就不可能被你買單了！

2.商品可能不夠吸引他：顧客可能看不到你商品的價值。對於我們公司的商品風格、格局、樣式、樓層還是地段你不喜歡呢？還是你有更在乎的點呢？再次釐清客戶選擇商品最在意的點是什麼。

3.價格或是付款條件：事實上大部分的顧客，在乎的其實就是價格，如果價格馬上便宜一半，我相信百分百的顧客都會馬上買單的！當然……你是不可能這麼做的！

所以這時你可以這樣詢問，如果商品、風格、樓層、地段你都喜歡的話，那是否就是價格或是付款條件的考量呢？如果是的話，我可以怎麼協助您呢？預售屋的頭期款相對比較低，另外工程款還可以分三年付清，相對也比較輕鬆！是否考慮預售屋做為你購買的主要選項呢？

如果投資報酬率符合預期，商品也很吸引客戶，價格與

付款方式顧客都覺得很滿意，顧客卻還是表示，我需要再考慮一下！那麼顧客到底在考慮什麼呢？事實上還是有兩個因素會影響顧客做決定！那就是「恐懼」與「沒有急迫性」。

三、恐懼： 事實上許多的顧客都害怕自己又做錯決定。拉回過去的記憶，可能曾經衝動下買錯東西，又或是商品並不如預期……等。這些通常是顧客經常上演的內心戲。所以這時我會進一步的詢問顧客，你恐懼害怕的是什麼呢？並適度的提供解決方案，像是我們公司有 10 天的合約審閱期，或是如果購買後不滿意，可以協助顧客平轉售出，只要能夠提供售後滿意保證，讓顧客覺得更安心，他就更容易現在做決定。

四、沒有急迫性： 客戶經常表示，我不覺得有什麼必要馬上就做決定，不然我再看看，過一陣子再說好了，附近其他的案子我都還沒看過，再多比較看看好了，我需要再考慮一下。

是的，事實上客戶各方面都滿意，價格與付款條件也都沒問題，甚至也給予客戶10天的合約審閱期，就是不急著下決定，這時我們就必須要創造給予客戶馬上下決定有什麼好處，例如，今天馬上作決定，買房送裝潢，這一戶明天有另一組客人準備來下訂單了，過了今天明天肯定就沒了……等，所謂的限時促銷，創造客戶的急迫性，他就因此會馬上下決定。

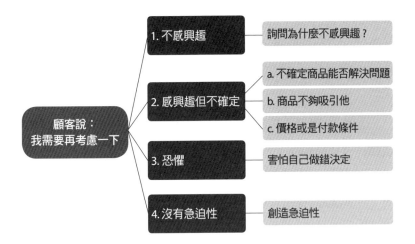

昌哥：阿昌，很棒的分析，也確實可以釐清顧客說我需要再考慮一下的真正原因是什麼，我這邊另外分享另一套作法，也可以跟阿昌你分享，讓顧客不會說出：我需要再考慮一下。

預設框架法：對於這次會談，想跟你確認一下，無論這次會談你是否會購買，在我們談話結束之前，希望你可以給我三個答案中的一個！

一、YES這是很好的購買方案，確實這商品可以解決我的問題：顧客願意依照我提供的採購建議進行購買。

二、NO很抱歉，我完全不考慮這樣的購買方案：謝謝你，我完全可以接受你拒絕我的提案，也謝謝你願意告訴我這樣的答案！

三、我希望你不要告訴我，你需要再考慮一下：因為過

去當顧客跟我說，我需要再考慮一下的時候，事實上通常是在跟我說NO，我更希望你直接跟我說NO，這沒關係的，我知道你只是不想傷害我的感受對吧！是價格上的考量是吧？

如果我們無法成交，就表示我們無法幫助顧客解決他的問題！如果我們真的相信公司的產品是好的，是很有價值的。我們就必須要有更堅定的信念，用道德上的義務去成交，並拿到訂單！

行銷便利貼

1. 遇到客戶說我需要再考慮一下時，我會這麼問！請問你是因為不感興趣呢？還是感興趣但還不確定？

2. 不感興趣：通常我會對客戶說，對於這商品不感興趣是沒有問題的，只是我可以冒昧的跟你請教一下，你對這產品不感興趣的原因是什麼呢？

3. 感興趣但還不確定：釐清客戶是因為不確定這商品能否解決顧客的問題？還是商品可能不夠吸引他，還是價格或是付款條件？如果你不確定能解決顧客的問題，那他當然就不可能買單了！

4. 恐懼：事實上許多的顧客都害怕自己又做錯決定！只要能夠提供售後滿意保證，讓顧客覺得更安心，他就更容易現在做決定！

5. 沒有急迫性：客戶經常表示，並不急著下決定，是因為

客戶沒有理由表示必須現在就購買，這時我們就必須要創造給予客戶馬上下決定有什麼好處，所謂的限時促銷，創造客戶的急迫性，他就因此會馬上下決定。

　　6.預設框架法：三選一的方式，希望讓客戶可以給我們三個答案中的一個！讓顧客不要說出，我需要再考慮一下這樣的答案。

27 我要回去跟家人商量一下

> 當顧客決定拖延購買前的藉口或推托之詞，或任何一個不在場的人說明時，他真的需要跟一個不在場的人商量！

　　昌哥：我要回去跟家人商量一下，是業務在銷售最後準備進入締結時，很常遇到的回應。當顧客這麼說的時候，通常可能原因有兩種，第一種或許是顧客的推托之詞，另一種是顧客確實真的需要在做購買前，必須先回去跟家人商量，才能下決定。關於「我要回去跟家人商量一下」這點，阿昌你通常會怎麼做處理呢？

　　阿昌：第一種或許是顧客的推托之詞，建議大家可以參考我前一篇所討論的「顧客說我需要再考慮一下」，可能是不感興趣，或是感興趣但還不確定。

　　第二種是，顧客確實真的需要在做購買前，必須先回去跟家人商量，才能下決定。
　　我從事的是房地產銷售，通常在客戶還沒講出我需要跟家人商量前，我一定會先跟顧客詢問，像是這樣的採購方案，你需要跟家裡人做討論嗎？

或許這時顧客會說：

1.我投資房地產通常都是自己決定的，家人思想比較守舊，總老是說什麼不借不貸一身輕的，跟他們說他們一定會反對的，且他們對這又不懂，這錢是我自己的，我自己決定就行，不需要跟他們商量。

從顧客回答的這點，我就很清楚知道，這顧客會自己做決定，不會在我跟他說完後，回應我，必須先回去跟家人商量。

2.接下來另一種情形是，客戶這時會說，會呀！這樣的投資方案，我必須要先回家跟家人商量一下。

接下來，我就會進行假設家人也在場情況。

我就會問：對於這樣的投資方案，假設你家人若在場的話，他們通常比較在乎的會是什麼？是價格、地段、付款方式，還是未來好不好轉手等問題呢？

此方法是我們必須假設他的家人也在場的情況下，釐清客戶的問題。

這時顧客不僅會站在家人的角度來做分享，他也更有可能把自己心裡真實的想法說出來。

3.最後一個步驟就是，立即邀請不在場的家人一同出席下次的碰面。

我們知道不在場的家人會是影響購買者的決策關鍵人，但我們並不清楚顧客會跟家人說些什麼。

所以我通常會這麼說：很謝謝你今天跟我分享你爸媽的

想法，畢竟房地產的理財方式算是相對保值也安全的。我也完全理解你需要詢問家人的意見，才能做決定。不然這樣好了！我們乾脆直接約你家人可以的時間一起來，我們一起討論這樣的投資方案你覺得如何？

這時顧客或許會很樂意的回答，這樣好呀！反正我回去，也講不清楚，說不明白，不如你幫我做說明，這樣效果更快。

我想，這就是從事業務工作的我們，想要的最佳結果吧！

找出關鍵的決策者，並把他帶來進行下次會談討論。這樣我們就再也不用擔心，顧客跟我們說，我要回去跟家人商量一下了。

昌哥：哇！這方法實在是太棒了。確實立即邀請一個不在場的家人來一起碰面會談，會是一個很好的處理方式。

阿昌關於以上的做法，我也有另一套供你參考看看——

當顧客說出，我要回去跟家人商量一下時，通常這時我會先詢問顧客，冒昧的請問，你對我提出的商品建議，真的感興趣嗎？還是……

這時他可能有兩種會回答方式：

1. 這不一定，我還需要再考慮一下：這時我再次試探性的瞭解他購買的意願，是否是真的，還是其實他只是把回去跟家人商量作為藉口或推托之詞。

2. 沒錯的，這真的是我想要的商品：

顧客表示：是的，這也是我想要的採購方案。

這時我會再次詢問他，那請問是什麼原因，會讓你對這

樣的採購方案感興趣呢？是因為想要讓家人過更好的生活呢？還是……

此問題的主要目的，就是要讓顧客自己說出口他的購買動機，以及瞭解他的購買意願是否真的強烈。

當顧客說出他的購買動機後，我們必須要對他的動機表示認同：「那這實在是太棒了！」「我們一起努力跟家人做溝通，給他們未來過更好的生活而努力吧！」

這表示我們跟顧客是站在同一陣線的，一起為他的動機做努力。

事實上這些步驟就是為了一次、兩次、三次的再次強化他的意願與購買動機，並邀請他的家人一起碰面會談。

行銷便利貼

1. 釐清顧客是否是推託之詞，還是真的需要回去跟家人商量一下。

2. 假設家人這時在場，釐清不在場的第三者，對於這樣的採購方案想法如何？這時顧客不僅會站在家人的角度來做分享，他也更有可能把自己心裡真實的想法說出來！

3. 立即邀請不在場的家人一起出席下次的碰面。找出關鍵決策者，並把他帶來進行下次會談討論。這樣我們就再也不用擔心，顧客跟我們說，我要回去跟家人商量一下了！

4. 透過一次、兩次、三次的再次強化他的意願與購買動機，最後並邀請他的家人一起碰面會談。

28 當顧客拒絕你時，你應該這麼回答

> 別急著和顧客爭論並解釋，那只會讓顧客更感到不悅。

昌哥：過去我們從事業務工作時，最常遇到的狀況就是被顧客拒絕，他們提出反對意見，並未採取我們提供的方案！阿昌，這時你通常會怎回應呢？是直接急著做解釋呢？還是有更適當的說法？

阿昌：過去確實很多時候，當我們提供的方案被顧客拒絕時，就會急著想要說明，並說服顧客，但這時通常他們耳朵已經關起來了，也似乎聽不進去我們的解釋，繼續說下去反而會讓顧客的觀感更差。

猶記得我從事傳銷行業時，當時我在跟顧客分享保健食品與環保日用品的重要性時，顧客會說，我才不相信也不需要吃這些東西以及使用這些商品呢！我從日常食物中攝取營養就足夠了，再加上我只要多運動多吃蔬菜水果就行，什麼環保日用品，我家裡人用了幾十年不也沒事，別危言聳聽了！

聽完顧客的拒絕後，這時我會跟他們說，我理解也明白你的想法，許多周遭朋友也有過同樣的想法。我以前也不相

信這些東西真的能帶給我健康，我不吃維他命，更不需要用什麼環保日常用品。但之後我透過大量的閱讀營養品相關書籍後，發現保健食品也有分好多種成分。如果你服用對的保健食品，像是這個品牌，我服用後，不僅越來越年輕，皮膚、精神狀態也越來越好，工作起來變得更有效率，而且也變得更健康。與其硬碰硬，你直接反駁，不如稍微轉換方向效果會更好。

以上我使用的俗稱所謂的3F（Feel、Felt、Found）法則，我拆解以上的內容：

現在的感受（Feel）：我理解也明白你的想法，許多周遭朋友也有過同樣的想法！

過去的感受（Felt）：過去我以前也不相信這些東西真的能帶給我健康，我不吃維他命，更不需要用什麼環保日常用品。

後來的發現（Found）：但之後我透過大量的閱讀營養品相關書籍後，我發現保健食品也有分好多種成分，如果你服用對的保健食品，像是這個品牌，我服用後，不僅越來越年輕，皮膚、精神狀態也越來越好！工作起來變得更有效率，而且也變得更健康！

透過這 3F 法則，顧客的感受是不是會挺好的呢？

以下我再用另一個例子做示範——

我從事房地產投資銷售時，曾有個顧客聽完我的分析後，她表示她還是比較喜歡台中的天氣與生活環境。拒絕我

給她的建議，不會考慮投資桃園。

當時我是這麼回應他的，我理解也明白妳的想法，我周遭許多的朋友也說，如果有機會他們也會想搬到台中居住，過去我也覺得台中的環境與天氣是非常適合人居住的環境，桃園居住起來相對也比較潮濕，但之後我徹底研究發現桃園的交通建設、就業機會與人口變化後，我發現若不考慮自住，而是考慮投資報酬率時，桃園的重大交通建設，因為結合了雙北的交通路網系統，未來一旦全面通車後，雙北人口的外移會更趨明顯，加上桃園大量的就業機會，更增添未來的投資成長性。

現在的感受（Feel）：我理解也明白妳的想法，我周遭許多的朋友也說，如果有機會他們也會想搬到台中居住。

過去的感受（Felt）：過去我也覺得台中的環境與天氣是非常適合人居住的環境，桃園居住起來相對也比較潮濕。

後來的發現（Found）：但之後我徹底研究發現桃園的交通建設、就業機會與人口變化後，我發現若不考慮自住，而是考慮投資報酬率時，桃園的重大交通建設，因為結合了雙北的交通路網系統，未來一旦全面通車後，雙北人口的外移會更趨明顯，加上桃園大量的就業機會，更增添未來的投資成長性！

從以上例子中發現，當對方提出反對異議問題時，首先我們必須先表現出同理心別和他們爭論，你可以說，我可以瞭解你的感受，其他人也有過同樣的感受，後來我發現，我

了解你的顧慮，如果站在你立場的話，我也會有同樣的顧慮，我明白你的處境，我可以理解。

昌哥：當顧客拒絕你時，我會先讓氣氛緩和一下，講一些題外話，再迂迴的進攻，譬如當客戶嫌我東西太貴時，我會回覆說，確實沒有錯的！我可以請問你一下，因為我有看到你經常出國旅遊的照片，你最喜歡去哪個國家呢？

像旅遊的時候，通常會有購物團和非購物團，價格是不是有差呢？住的是不是也不一樣？購物團是不是也會比較便宜？你會喜歡參加購物團嗎？

另外像是 IPHONE 手機也比其他手機品牌貴，是什麼原因顧客會想購買比較貴的 IPHONE 呢？

當顧客拒絕我時，我會迂迴聊天，並找到真正拒絕的原因為何，找相靠近，卻又不直接的話題，當降低顧客心防後，再回過頭來進攻！

行銷便利貼

1. 3F（Feel、Felt、Found）法則的運用。

2. 現在的感受（Feel）：我理解也明白你的想法，許多周遭朋友也有過同樣的想法！

3. 過去的感受（Felt）：過去我以前也這麼認為……

4. 後來的發現（Found）：但之後我發現……

5. 當顧客拒絕你時，我會先讓氣氛緩和一下，講一些題外話，再迂迴的進攻。

29 讓你的業績翻倍方法

有多少人知道你，決定你的收入有多少？

昌哥：全世界成功的企業家，事實上他們其實都是個超級演說家，像是賈伯斯、馬雲、郭台銘、張忠謀……等。而他們的成功，絕大部分來自於公眾演說。

而公眾演說究竟有多重要呢？假設你的個人銷售成交率都是 1/10 好了，那何不一次面對 100 個，就可以一次成交 10 筆訂單呢？而且還僅需花一次的時間，並達到事半功倍的效果。

阿昌，我知道你在台北、桃園都有不少的公眾演說課程，對於公眾演說的部分，你是如何起步與經營的呢？

阿昌：從事業務銷售工作，若能做到「當顧客不需要的時候知道你，需要的時候第一個想到你」，這應該算是蠻成功的業務吧！

14 年前我剛踏入業務銷售工作時，還不懂公眾演說的重要性，就只是一而再，再而三的透過一對一做銷售，好在的是因為夠積極夠勤快，所以業績還不會太差，但是很容易出現人脈或是客群上的瓶頸。前面幾篇中也稍有提及，因為一些原因而選擇了離開。

轉戰業務的當時，為了拓展人脈，而大量參加了許多的社團。或許是冥冥中注定的吧！我參與的其中一個社團叫健言社，這是一個口語表達訓練的社團，這社團費用門檻不算高，對於一開始收入有限，人脈有限的情況下，這會是一個還不錯的選擇。

　　由於這社團主要的活動內容都是以上台練習演說為主，每週都會舉辦口語訓練或是 3 分鐘 TM 比賽。對於不習慣拿麥克風的我，算是一次很特別的訓練機會。剛開始也會膽怯上台，想說能躲就躲，但由於社友總是鼓勵我們，既來之則安之，來就多上台練習，不用害怕面對群眾，之後在半推半就下，終於鼓起勇氣上台說話。

　　由於這裡是比較正向鼓勵的社團，所以即使每次上台講得不太好，但是評審都會正向的鼓勵，並且給予實質上的建議與指導，慢慢的修正自己的缺點，並持續調整，正所謂一回生二會熟，次數多了就有了技術。

　　我從社內比賽開始拿到了幾次演說冠軍後，也逐步的挑戰更高難度的跨社演說比賽。或許剛開始的成績不算太好，但是每次比賽最大的收穫，反而是可以欣賞到各界演說高手的精彩演出，我透過大量的比賽並且模仿與練習，逐步的為自己在演說上找出適合自己的風格與演說技巧，最終也奠定了我各方面的演說能力。

　　三年前我轉戰到房地產領域後，剛開始還是用傳統的一對一進行銷售，但是業績表現實在有限！直到兩年前我透過

學習瞭解到，想要讓收入倍增，必須做到三件事：

第一，就是讓更多的顧客知道你。

第二，就是讓更多的顧客喜歡你。

第三，就是讓更多的顧客瘋狂愛上你！

業績為何遲遲無法上來，就是因為太少的人知道你了！一對一太多，一對多太少了！所以必須學會公眾演說，大量的曝光讓更多的人知道你。

之後我才驚覺，過去早已學會的公眾演說技巧，事實上是可以與業務銷售工作做結合的。之後我透過大量的公眾演說，讓自己業績呈現數倍的成長。

或許許多從業人員會想，就算我真的想講，但不見得會有人來聽呀！

正所謂，機會是創造出來的，你不是沒機會，只是沒這麼渴望，因為不夠渴望，自然而然就不會去找方法，就像我剛開始講時，或許沒太多聽眾，但是你必須相信一句話是一點一滴的累積，將會造就他人之後的望塵莫及！

那要怎成為公眾演說家呢？

1. 首先你必須要準備好你的演講稿：一場精彩的演說絕對能激勵人心，重點是必須撰寫你的演講稿，結合先前一篇提及的，如何述說自己的故事，演講的精彩在於故事的生動與感動！

2. 持續的練習與模仿：透過像是健言社、口語表達練習社這樣的舞台練習，多聽多看多學習，逐步的找出適合自己

的演說模式。

3. 大量曝光並分享你的精彩演說花絮：把你每一場的演說錄製一小片段，放置公開平台曝光並大量的轉貼分享。

4. 站在巨人的肩膀上：找尋可以合作的老師一起共同演說，創造雙贏局面，像是我有幸能跟昌哥合作出書，無非就是希望藉由昌哥在教育培訓界的知名度與暢銷書作家的光彩，增加我更多曝光與學習的機會。

以上是如果你成為一個演說家，對於你從事銷售工作與業績會有什麼好處！

昌哥：的確，公眾演說對於從事業務銷售工作，有很大的加分，一對多可以一次把你的想法分享給別人，這是非常有效率又有效能的！

演說就是要演又要會說，說話聲音要能夠抑揚頓挫，若談到動人之處，又必須放慢放溫柔，講到慷慨激昂之處，又必須高八度，該要停頓要學會停頓。

另外要成為公眾演說家時，有幾個建議的地方。就是要先學會克服緊張，俗話說，技術等於次數的累積，從對著鏡子開始練習、對著花草樹木演講。另外也要要瞭解破冰要怎麼破冰可以讓人記憶深刻？講笑話時要怎講笑話才會有笑點，說故事時要怎麼說才會打動人心？比喻時要怎比喻才不容易傷到聽眾？特別是一個好的演說家，通常是一個好的比喻者，讓觀眾容易懂。透過走動式的演講，並多跟台下的人互動，這是要成為一個傑出的公眾演說家，具有很重要的部分。

每一個好的演講者，都是一個好的表演藝術者，像是昌哥過往有4、5百場舞台劇演員的經驗，有人說我像脫口秀單口相聲演員一樣，說、學、逗、唱，讓人聽了都不會膩，在台上充滿了演講的魅力，這方面我就有一些加分。如果暫時缺乏演講魅力的，鼓勵朋友在表演上面多練習。商業週刊曾寫過這段話，每一場銷售不但是自編自導銷售行業，也像是一個 Show Business，一個表演的行業。

行銷便利貼

　　1. 公眾演說究竟有多重要呢？假設你的個人銷售成交率都是 1/10 好了！那何不一次面對 100 個，就可以一次成交 10 筆訂單呢？而且還僅需花一次的時間，並達到事半功倍的效果！

　　2. 收入倍增，必須做到三件事，讓更多的顧客知道你、讓更多的顧客喜歡你、讓更多的顧客瘋狂愛上你！

　　3. 透過類似像是健言社口語表達這樣的平台，大量上台練習演說技巧。

　　4. 機會是創造出來的，你不是沒機會，只是沒這麼渴望！

　　5. 站在巨人的肩膀上合作，增加更多曝光與學習的機會。

　　6. 演說就是要演又要會說，說話聲音要能夠抑揚頓挫，若談到動人之處，又必須放慢放溫柔，講到慷慨激昂之處，又必須高八度，該要停頓要學會停頓。

　　7. 每一場銷售不但是自編自導銷售行業，也像是一個 Show Business，一個表演的行業。

銷售的第四步

打造你的團隊

你是誰？你想成為誰？
將是不會跟兵的……

───────❖───────

團隊的指責教育已成過去，
創建團隊向心力在於領導者對人的一種態度。

───────❖───────

團隊因你而起，也會因你而亡，
領導者如同航行艦隊中的舵手，
決定團隊未來的方向！

30 團隊領導者必須具備的能力

> 你是誰?你想成為誰?將是不會跟兵的⋯⋯

　　昌哥:身邊有不少企業主或是團隊領導者,每個人都
渴望能打造一支超強團隊,阿昌就你的經驗,你覺得在打
造一支超強團隊前,有哪些是領導者必須具備的能力呢?

　　阿昌:14 年前,我從科技業轉戰到業務工作時,雖然無
太多業務經驗,但因為多年前曾拜讀過《孫子兵法》中所提
及「將者,智、信、仁、勇、嚴也」五種能力,讓我在業務
生涯起步時,減少許多的摸索!
　　孫子兵法提到「將」代表的是必須具備的能力
　　孫子認為:「身為將軍,必須具備「智、信、仁、勇、
嚴」五種能力。」這五種能力到底是什麼呢?我用自身得故
事在此跟大家分享!

　　「智」代表的是「智慧」:領導者有智謀才能縱橫天下、
決勝千里、解決問題、贏得勝利!
　　過去我從事組織行銷或是房地產銷售的業務領域中,若
要收入倍增,最佳的途徑就是進行大量的徵員,而有時為了

招募一些不可多得的人才之時，必須運用一些「智謀」取才。過去我非常喜歡看三國志的故事，劉備為了找尋人才，三顧茅廬，讓料事如神的孔明成為了蜀國的軍師。之後孔明用計收服了馬超，成為了後來的蜀漢五虎上將之一。孔明後期的慧眼識英雄，用計收服了當時曹魏天水郡的中郎將姜維，之後也成為孔明死後重要的蜀漢大將。

這些招募將才的歷史故事，總是讓我如獲至寶，也時時提醒我，人才不是應徵來的，而是透過智取來的。我從事組織行銷時，因為收入必須來自於大量的人，找對的人才合作，是團隊能否持續倍增的關鍵因素。之後我也透過智取，而成功的招募我心中的五虎將。兩年左右的時間，透過這五虎將，大量的複製與倍增，讓我的團隊很快的在公司也能成為一方之霸，至今回味起來仍讓我津津樂道。

我們試想著，人為什麼可以將獅子或大象等動物，變成動物園裡的展示呢？絕非靠體力、武力取勝，而是人類運用了智慧，最終就連猛獸都能手到擒來。帶領團隊，若沒有了智慧，誰願意追隨你？領導者在領導團隊時需將智慧發揮在工作中，這是身為領導者非常重要的能力。

孫子所說的「智」，指的是具備高度智慧者。在做人處事上圓融有彈性，在專業領域中具有傑出的能力，智慧就是要能夠整合資源，達成團隊的目標。

「信」代表的是「誠信」：城邦媒體集團創辦人何飛鵬在《自慢》一書中提到所謂的創業九宮格中最重要的核心價值就是誠信，沒有誠信一切都免談。

　　回想起過去曾有位跟我合作過的業務夥伴，無論是我交代的工作，或是他做出承諾的事情，經常的食言而肥，甚至失信到竟連客戶的鴿子都敢放。三不五時他的客戶經常的找上門來投訴，最後我只好勸退他離開。離開沒多久也聽聞他跑去創業，竟不到半年公司就收了，多次聽聞他想找舊同事周轉，但因為多次失信於人，他借錢四處碰壁，過了幾年沒想到他的住家竟也遭法拍。

　　一個人總是不講信用，人格上就已經破產了，如同行屍走肉，無法立足於社會，同樣，如果一個團隊的領導人失去誠信，夥伴都不再信任他。正所謂「失民心者失天下」，事實上離失敗也不遠了。

　　你是不是一個言行一致說到做到的領導人呢？如果失去了「信」，就無法建立互助合作的關係！

　　「仁」代表的是「仁愛」：儒家核心思想指的仁是，對他人有愛，愛民如子，因他心中有愛。

　　我從事的是房地產業務銷售工作，集團老董做事總是親力親為，年過 70 仍每天最早到公司，最晚離開公司，公司休假時，他依然還是在工地持續勤奮的勘查，工作上成為員工的重要靠山。

在生活上對員工總是非常的大器，除了逢年過節經常性的賞賜員工外，三不五時也會提撥公司獎金，犒賞員工安排旅遊活動與舉辦家庭聚會。甚至不少員工想買房成家，在資金有困難的情況下，也都非常的願意以無息的方式協助夥伴，完成買房的心願。全公司業務幾乎在無底薪的情況下，依然超過 400 位員工為他效忠。人員離職率也是非常的低，可見團隊的向心力是如此強盛。

成就大事業的企業老闆，都是捨得獎勵下屬的人。捨得捨得，有捨才有得。古往今來，莫不如此。

你是不是真正的在意團隊每個夥伴關心他們呢？你是否真正在意顧客購買你的產品後的關懷呢？

這份愛，就是孫子所說的「仁」，有誰會背叛或拋棄對自己有著深厚情感的人呢？因為存有這份情感，才能博得信賴，並打從心底深處，對他人有著深厚感情。

「勇」代表的是「勇氣」：孫子所說的「勇氣」，指的是從容不迫、臨危不亂、不迷失自我、且經常保持冷靜沉著。歷史上最有名的例子就是孔明的空城計。

從事業務工作時，我在團隊內一直有個鐵血阿昌的稱號，不僅指的是血氣之勇，更是讓夥伴對我的一種信賴感。即使我在公司還沒有出色成績前，我仍信誓旦旦的告訴我的團隊夥伴，阿昌我絕對是最優秀的領導者，在同公司絕對沒有人的能力比我更強，跟著我就對了！這是一種自信的表現。

身為領導者的我每天都在做決策，所以必須要有勇氣做最好的決策，即使做這個決策會得罪人，甚至都會有意見，只要真正覺得這決策對團隊是好的，我都有勇氣去承擔。

像是 NBA 洛杉磯湖人主將詹皇・詹姆斯，他就是一副一夫當關，萬夫莫敵的氣勢，讓許多球員寧可降薪也都願意轉隊跟隨他一起奪冠，因為所有球員都知道，只要有他在，拿下總冠軍如同探囊取物般的簡單。

獅子為何帶領一群羊也能成功？因為勇氣！團隊成員都希望追隨英雄做事，喜歡勇敢果斷的人。毅力、自信、執行力與耐力，是讓夥伴景仰且願意跟隨的重要能力。

「嚴」代表的是「嚴格」：指的是嚴以律己，以身作則。領導者必須對自己能力提升做要求，也必須比他人更加嚴格，也會要求下屬必須努力提升各項能力以成為卓越領導人為目標。

從事業務工作時，每次業績競賽時，我總是帶頭參與，印象最深刻的兩次，一次是我從事組織行銷時，參與快速列車競賽，當時喊下每位成員必須達成10人的親推目標。結果我不僅達成，還複製出4位親推總監，拿下該分區競賽的第一。

另一次是我從事房地產業務銷售工作時，公司在暑假舉辦旅遊月競賽，當時我設下個人目標必須做到4戶目標，最後當月結算，個人不僅4戶達標，還達到7戶目標！團隊最後總成交雖僅為11戶（我個人佔7戶），但我的嚴以律己以

身作則的態度，也樹立起之後的領導風氣。

在領導團隊時，我也會特別要求紀律必須嚴明，出勤不正常，或是分配的工作始終無法達標，初期會鼓勵，後期會溝通，持續未能做到，只好請他離開，避免壞了紀律壞了團隊風氣。有時適度的嚴厲，是為了夥伴好，讓他知道你待的是業務單位，沒有紀律如同軍心渙散的部隊，如何作戰。

以上「智、信、仁、勇、嚴」便是作為領導者必須具備的五種能力。

昌哥：另外我也想再簡單的補充分享，領導者必須具備的六個能力。

1.傾聽力：過去不少領導人太喜歡教導了，也急著做判斷，失去了耐心去傾聽，有時就會缺乏同理心，做太多的教導。

2. 判斷力：身為領導人，是領頭羊的角色，正所謂將帥無能累死三軍，所有的力量，最終匯聚而成，多聽多蒐集資訊。

3. 行動力：以身作則是很多人都知道的，但是對於言行不一的領導人，夥伴卻是敢怒不敢言，所以領導人必須具備行動力。

4. 包容力：不教而虐謂之殺，法律不外乎人情，多一點包容，有容乃大。

5. 謙卑的力量：《A 到 A+》這本書提到，第五級領導人，結合謙虛個性和專業意志，建立持久績效，面對鏡子反思自

己,望向窗外看懂他人。

6. 學習力: 若要具備各種力量,必須是一個終身學習的人,一個領導人都是一個樂意學習的人,不愛學習的領導人,畢竟無法長治久安的。

行銷便利貼

1.「智」代表的是「智慧」: 領導者在領導團隊時需將智慧發揮在工作中,這是身為領導者非常重要的能力。智慧就是要能夠整合資源,達成團隊的目標!

2.「信」代表的是「誠信」: 創業九宮格中最重要的核心價值就是誠信,沒有誠信一切都免談!團隊領導人失去誠信,夥伴將不再信任他。正所謂「失民心者失天下」,如果失去了「信」,就無法建立互助合作的關係!

3.「仁」代表的是「仁愛」: 對他人有愛,愛民如子,因他心中有愛,因為存有這份情感,才能博得信賴,並打從心底深處,對他人有著深厚感情。

4.「勇」代表的是「勇氣」: 指的是從容不迫、臨危不亂、不迷失自我、且經常保持冷靜沉著。團隊成員都希望追隨英雄做事,喜歡勇敢果斷的人!毅力、自信、執行力與耐力,是讓夥伴景仰且願意跟隨的重要能力。

5.「嚴」代表的是「嚴格」: 指的是嚴以律己,以身作則!也會要求下屬必須努力提升各項能力以成為卓越領導人為目標。

31 領導團隊，我的成功與失敗經驗

> 你今年跟誰合作，決定你今年的成績。

昌哥：我們都知道一個戰鬥力強的團隊，最重要的關鍵就是持續不斷有更多的人才加入你的團隊一起合作！可是吸引人才一直都是每個團隊面臨最大的難題，甚至如何培育人才、留住人才，一直是團隊領導人傷透腦筋的環節！阿昌，對於打造一個戰鬥力強的團隊，你是運用什麼樣的方法來吸引人才呢？

阿昌：吸引人才、建構戰鬥力強的團隊，一直是每個團隊領導人的目標與願景。在建構一個強大團隊前，我總是吃足了苦頭。

猶記得我第一次帶團隊，是我從事組織行銷時，當時我隻身一人，開始四處徵員招募人才，適逢公司當時的業績氣勢如虹，在傳銷公司排行也坐三望二搶第一，年營業額高峰時更超過了 60 億。

而我也順勢在短短的三年時間，團隊人數也超過了 70 多人，當時團隊凝聚與向心力也都非常強，每月在公司榜上的團隊成績，也一直維持在全國前八強。

由於團隊成員相對年輕，且衝勁十足，也造就一股新生

代的旋風。當時我制訂了一套團隊文化與鐵的紀律，對於渴望能夠快速賺到錢的夥伴，確實很快就有明顯成績。

不過這榮景並未維持太久，團隊進了一些能力不錯，卻自我意識很強的夥伴，進來之後遲遲無法融入，也硬是想改變團隊文化與風氣，團隊逐漸開始出現了意見上的分歧，再加上當時僅30歲的我，帶團隊的經驗與溝通技巧尚不純熟，以致於團隊出現了裂痕，負面聲音與日俱增，我慢慢開始厭倦這種理念上的拉扯。

身為團隊領導人的我，竟開始把目標放在沒這麼多情緒的其他投資項目，對於團隊的經營已經無心戀棧。果不其然，沒多久團隊像洩了氣的氣球，人才大量的流失，即使我最後想重新回來並力挽狂瀾，但也於事無補，最終走向崩盤的局面。

從這次帶團隊的經驗中，我將他區分為「起」與「落」，並得到幾個結論。

在「起」得過程中，當時我做對了以下幾點：

1. 找尋到對的人才：所謂人才，就是符合你的商業模式，認同你理念的人，才是你要的人才，且有極度意願渴望達成目標的人。

領導是在培養一個人才團隊，團隊人才越多，爆發的速度越快。而在當時我找到一群渴望改變與成功的夥伴，一起衝起來的感覺真的很棒。

2. 讓你的夥伴相信你：領導的最高執導原則，就是必須讓你的夥伴相信你，相信才會有認同感，當時我信誓旦旦的告訴每個夥伴，我們絕對可以成為最強的團隊，跟著我就對了。

3. 打造一個團隊文化：在團隊中君無戲言，要說到做到，這是我的團隊文化，在團隊裡制訂的規則，我領導人就要成為第一個 100% 遵守的人。

4. 領導者就是在領導目標：領導者有目標有方向，所以當時的我目標就是每月競賽都要拿下全國前八強。

在「落」的過程中，當時我做錯了以下幾點——

1. 找尋到錯的人才：即使有很棒的能力，但是不認同你的理念不願意配合你的商業模式，這不屬於你圈子的人才。當時我應該立即的請他們離開，反而因為引進一群不對的人，團隊的氛圍起了變化，最終出現了分裂。

2. 失去團隊文化：因為幾個能力不錯，卻配合度很低的夥伴進來後，與我原先團隊文化間產生了衝擊，有時為了妥協他們，發生意見上的分歧，我卻選擇一而再，再而三的持續退讓，反倒卻遲遲無法再次的把團隊文化建構起來，最終他們都只會一直丟問題給我處理，丟到最後，共識沒有達成，收入目標更不可能實現，最終一個個選擇了離開。此事情不斷的重蹈覆轍，導致我最終心力憔悴，我不僅累死，也讓我開始害怕帶人。

3. 資源分配不均：領導者就是資源分配者，分配不好自

然就不會達成目標。當時的我竟把大部份的時間放在有問題且即將陣亡的夥伴身上，然後那些真正還在打拼，且需要被協助的人，我竟未花太多時間去協助，最終因為我的時間分配不均，導致團隊出現了許多的雜音，最終因顧此失彼，逐漸的走向滅亡。

4. 失去目標： 沒有目標就已經在宣告，我就是在領導問題。我之後把心思放在其他的投資項目，團隊這時也失去了目標，後續更是衍生一堆問題。最終組織因為失去了目標，以致於只剩下苟延殘喘的人留下來，團隊打拼的氛圍也頓時消逝殆盡，短短幾個月的時間，便快速的崩盤。

吸取那次慘痛經驗後，近幾年我進入到房地產業，也重新的打造團隊文化，並明確的訂定目標，找尋到對的人才進來，不認同我的理念以及不願意配合我的商業模式的人，我當機立斷的請他們離開，絕不妥協。並把時間花在可以跟我合作的人身上，很快的我又再次的建構一支強大的超級團隊。

最終我想說的是，領導者其實就只是做三件事情，建立團隊文化，整合資源與達成團隊目標，並幫助更多夥伴達成目標。

領導者是資源分配的人，領導者勢必要為團隊有沒有達成目標，負起最大的責任。

昌哥： 人對了，要放在對的位置上，團隊領導人必須在

進才、留人、育才事情上面要花很大的力氣，好比說做得好的人，公眾表揚，做得比較不好的人，要私下說，揚善於公堂，規過於私室。

另外也可以請外面的老師來團隊做教育訓練，自己講到膩的時候，由外面老師來講，更可以達到借力使力不費力。

行銷便利貼

1. 找尋到對的人才：所謂人才，就是符合你的商業模式，認同你理念的人，才是你要的人才，且有極度意願渴望達成目標的人！

2. 讓你的夥伴相信你：領導的最高執導原則，就是必須讓你的夥伴相信你，相信才會有認同感。

3. 打造一個團隊文化：在團隊中君無戲言，要說到做到，這是我的團隊文化。

4. 領導者就是在領導目標：領導者有目標有方向！以身作則，帶領夥伴完成目標。

32 打造一個超強團隊，領導者可以怎麼做？

> 團隊因你而起，也會因你而亡，領導者如同航行艦隊中的舵手，決定團隊未來的方向！

昌哥：延續上一篇的話題，我們都知道一個戰鬥力強的團隊，除了需持續不斷有更多的人才加入你的團隊一起合作外，另一個重要的關鍵，就是團隊領導者的領導能力。許多書籍與網路上都議論過許多領導者需具備的條件與能力。

但話說，道理其實人人都懂，但關鍵的是如何做？如何應用？阿昌，關於這點，就你的經驗，你能否跟大家分享一些具體實質有效的領導方式，而非只是理論概念呢？

阿昌：過去若有聽過我公眾演說的朋友，相信或多或少都會感受到我在演說中帶出的激情與感動，我從事業務工作超過 14 年，最擅長的除了是個人銷售外，更擅於引發動機與策動團隊執行力。主要是因為，過去在我的業務生涯甚至是人生轉變中，有過太多的失敗經驗與慘痛的教訓，自然而然也累積不少激勵人心的故事。

在過去的實戰經驗中，有哪些是我覺得在團隊中領導者必須做的呢？

一、啟動夥伴的夢想與目標：過去我在經營業務團隊時，我很清楚知道我要打造的是一支超強競爭力的業務團隊，所以在徵員或是面試時，我會不斷的引發對方的是夢想與目標，我也會勾勒出他心中的動機與對未來生活的藍圖。

我甚至會勉勵他，必須把目標、夢想以及對家人的愛，轉變成為在工作上的全心投入。另外也會給予他空間、願景，讓他全力去發揮，然後告訴他，我會成為他最有利的靠山、支援，甚至成為他的教練，當他願意這麼做，他今年的業績、收入、獎金絕對可以大量的累積，也可以給家人過更好的生活。我總是提醒著彼此「千萬別在奮鬥的年齡，卻選擇了安逸！」，人生最重要的不是現在你所處的位置，而是你移動的方向。

二、打造一個積極正面的環境：在我的團隊裡面，每個人都必須是積極正面的，當夥伴遇到挫折消極時，身為領導者的我，就會提醒他，是不是你太閒了呢？即使遇到困難與挫折，我們必須是積極樂觀面對，並用大量的行動取代消極。

另外我也時常提醒每位業務夥伴「成功者找方法，失敗者找理由！」，我們是成功者，所以我們透過溝通協調找解決問題的方法。

用積極正向的環境來啟動夥伴，在團隊中大家分享的是目標、夢想，大家在聊的是彼此真正有產能與經驗值的交流，領導者必須打造這種正面積極的環境，讓團隊任何人在這個環境投入是有期許的。

三、建構一個學習型的團隊：身為領導者的我，總是要求團隊的每位夥伴，必須要有閱讀或是看有聲書的習慣，每天晨會第一件事情就是分享群組內提供的文章或是有聲書。閱讀的內容像是業務銷售技巧、領導管理、溝通協調、心靈成長、或是理財資訊……等。透過每天不斷的閱讀，全方位的學習，並提升各項能力，目的是讓每個業務夥伴在跟客戶交談時，是博學多聞的，讓客戶覺得你是有料的，一方面可以提高成交率，另一方面會提醒他們「將是不會跟兵的」，未來一旦成為團隊領導人時，也得讓底下的夥伴信服，唯有不斷的提升自己，才能卓越超群。每天進步一點點，將會造就他人之後的望塵莫及。

晨間閱讀另外還有個好處，就是若發現團隊夥伴遇上了困難或是有著負面情緒時，直接跟夥伴溝通有時效果是有限的，這時若間接的透過文章或是有聲書來請他閱讀，當他閱讀完畢後或許早已打通心裡的糾結與問題，之後再與他溝通起來，反倒會達到事半功倍的效果。

所以身為領導者的我，會建構一個學習型的團隊，不僅可以提升每個夥伴的個人知識與能力，更可以透過大量的閱讀與學習，達到溝通的效果。

四、領導者自身關鍵條件：何謂條件，在這裡指的是領導者的收入、故事、能力與領導的團隊。

領導者的收入：必須在最短的時間內，創造出漂亮的成績單，只要你的收入夠好，夥伴的信心才會足夠，如果你的收入遲遲無法起色，也會讓跟隨你的夥伴失去希望與目標。所以要盡快的創造你的個人收入，才能引發更多優秀的夥伴跟隨你的腳步。

領導者的故事：人們比較喜歡聽故事，不喜歡聽道理，若在你的成功故事中適時的分享你的改變與成長，更會激勵所有夥伴以你為標竿，以你為表率，你的故事更可以扮演著啟動人心的心靈雞湯。故事越是振奮人心，越是能夠證明低谷翻身，越是能讓夥伴堅定信心。所以有故事的領導人，更能夠讓夥伴心服口服！

領導者的能力：自身的各項能力，代表的是團隊夥伴對你的信賴感。再次提醒「將是不會跟兵的」，領導者的能力，必須成為夥伴最有利的靠山、支援，以及他的教練。倘若靠山山倒，靠人人倒，每次團隊夥伴請你協助，你的能力達不到夥伴的標準。每次借力越借越慘，久了之後只會讓夥伴對你失去信心，逐漸的怨聲載道，自然而然能力好的夥伴，更不會留下來與你繼續戰鬥。當人才大量的流失，如何成為一個戰鬥力強的團隊呢？所以領導人的個人能力要很強，即使不強，有句話是這樣說的：「我帶兵遣將不如韓

信，攏絡人心不如蕭何，運籌帷幄遠不及張良，只要懂得借力，你依然可以成為大漢天子劉邦！」

你領導的團隊：就像我前面所提及的，你領導的團隊必須讓夥伴看見希望，剛開始或許團隊尚未成行，僅有一人兩人，但是若經過了數年，團隊只有老弱殘兵，依然潰不成軍。如何能讓夥伴有信心繼續拼下去？你領導的團隊必須是日漸強大，且行動快如閃電，自然而然更能夠吸引優秀的人加入。

當領導者的條件越好，啟動夥伴的力量就會越大，只要這四個條件夠好，夥伴就會很想要在你的身上學到能力，當夥伴看到你現在的成果就是他要的，你就很容易啟動夥伴，當你把這些人帶起來，其他人也會慢慢的跟上來，而領導者的責任，就是幫助一群最有意願最有決心的人一起前進。

行銷便利貼

1. 啟動夥伴的夢想與目標：持續不斷的引發夥伴的夢想與目標，並勾勒出他心中的動機與對未來生活的藍圖。自然而然就會把目標、夢想以及對家人的愛，轉變成為在工作上的全心投入。

2. 打造一個積極正面的環境：即使遇到困難與挫折，我們必須是積極樂觀面對，並用大量的行動取代消極。用積極正向

的環境來啟動夥伴，在團隊中大家分享的是目標、夢想，大家在聊的是彼此真正有產能與經驗值的交流。

3. 建構一個學習型的團隊：建構一個學習型的團隊，不僅可以提升每個夥伴的個人知識與能力，更可以透過大量的閱讀與學習，達到溝通的效果。

4. 領導者自身關鍵條件：領導者的收入、故事、能力與領導的團隊。當領導者的條件越好，啟動夥伴的力量就會越大，夥伴就會很想要在你的身上學到能力，當夥伴看到你現在的成果就是他要的，你就很容易啟動夥伴，當你把這些人帶起來，其他人也會慢慢的跟上來。

33 如何協助夥伴走出低潮 ABCDEF 法則

> 快速的擺脫夥伴的低潮，是讓團隊快速成長的
> 重要關鍵。

阿昌：過去許多人當他陷入低潮的時候，經常會失去
活力與能量，並提不起勁與食慾，也沒有工作的動力，甚
至會想找地方躲起來。希望全世界都不要注意到他，關於
這部分，昌哥你是如何協助團隊夥伴走出低潮的呢？

昌哥：事實上當我們越是做出食慾不振，悶悶不樂、鬱
鬱寡歡，與平常時的我們有些不同時，反而內心深處潛意識
更渴望被看見。正常狀態下，反而不容易被他人發現我們究
竟是有多痛苦，所以一旦狀況不一樣時，更會引起他人關
心。

剛開始陷入低潮想要討拍、取暖，事實上都是可以接受
的，而且那也是健康的，所以如果偶爾短暫的低潮，都算是
很正常的，喜、怒、哀、樂這些情緒，都是自然現象，但是
倘若長期都呈現這種狀態，似乎就不妥了。對於像是這種長
期狀態下，我都會運用所謂的 ABCDEF 法則，來協助夥伴
走出低潮。

ASK（提問自己的感受）：要為自己的情緒正確的命名，正確察覺源頭，沮喪、失落、擔憂、生氣、憤怒，還是疏離，你一定要為你的情緒命名，你要提問自己究竟怎麼了。有時狀況不佳低潮時，我們可以從七大能量著手（健康、金錢、關係、語言、內在、外在、潛在等能量）。

有時可能只是你沒睡好而已。過去童年的陰影，或潛意識的傷害，你要提問自己的感受，去察覺這情緒的源頭，通常讓你有情緒的當事者，不是肇事者，造成你當下情緒的肇事者，通常它不是兇手。所以我們一定要記住，冤有頭債有主。

我們每一個情緒都有他最原始的傷害，這傷害往往都來自於你有期待，所以一旦期待落空了，感覺就被傷害了，我們何必這麼有期待呢！

Be Quiet（安靜）：安靜才能跟靈魂對話，有時當我們的靈魂落後太多時，適度的讓自己安靜一下吧！忙忙碌碌的你，有多久沒安靜了呢？許多人不舒服的時候，多半第一個動作就是選擇逃避！事實上逃避是因為那個痛苦會讓我們潛意識裡面有個防禦機制，會不舒服，所以會不想談。當情緒出現的時候，本能第一個反應，就是逃避，而不是迎戰。

在恐懼孤獨的時候，趕快擁抱這個感覺，然後去察覺這個感覺並擁抱他，因為人只有把潛意識的恐懼孤寂感或者傷痕，逼出來變成表意識可以接受的時候，事情才有辦法處理，無意識要把他浮現變成有意識，不然是很恐怖的！把無

意識變成有意識才能解決，病因如果無法找到，無法對症下藥的。

B 還有一個解釋叫 Balance（平衡情緒）：我們以前是壓抑的，我們不願讓自己不好的一面給人看見，永遠報喜不報憂，其實這在理智上面都是一種壓抑的行為。所以我們要平衡以前討好過頭的，現在不要再討好了。以前是都沒有去照顧別人感受的，永遠只照顧自己自私自利的，現在要平衡，稍微在乎別人一下了，而不是活在自己世界裡面，所以平衡是最重要的，如果有人一直在照顧內心世界，已經變窮光蛋，這是失衡的。有人只會努力賺錢，心靈卻是不富足的，這都是失衡，所以昌哥的學派，強調的就是平衡的人生，建立防禦機制平衡情緒，允許情緒抒發、允許恐懼。

Call out（打電話）：打電話給朋友或是教練，當你已經安靜、察覺、並平衡引起情緒了，這時可以讓情緒有個出口宣洩。當然，昌哥在這個地方，經常告訴大家，你們整理完後不要拖太久，你們還是必須去尋求專業的協助，久而久之如果不尋求那是放棄自己權利，久了之後可能越來越嚴重會變成憂鬱症。憂鬱症是文明病之一，所以大家一定要好好的察覺。另外補充一個 Calll Out，就是打給朋友訴訴苦，或者你有長輩、教練、麻吉、閨蜜，偶爾討拍一下，或請對方給一些方向！總之該自己安靜的時候就安靜，該尋求協助的時候就尋求協助，這才是健康的態度喔！

Do Something（你總得做些什麼）：裡面的 D 叫 Delete 我們要斷捨離，離開那些讓你有負能量的地方，真正離不開就去泡杯咖啡提提神，轉換一下情緒，Do Something 你總得做些什麼事情吧！有的時候不要呆呆的在那邊，放空擺爛一段時間，那都於事無補。

我可以允許放空，且無目的的放鬆情緒，這也是 Do Something，可是絕對不是無止境的擺爛，所以不要一副死人臉。當然有一派學派會說，現在就是沒有力量，所以我們絕不允許自己在原地無止盡的耍賴。

一手溫柔一手堅持，我們溫柔的對待自己，不批判自己，但也是要堅持的往前進，所以 Do Something 斷捨離，你一定要決定離開那個低潮，而不是 enjoy 那個低潮。

Earth（泥土）：走出戶外接觸大自然，我們一定要曬太陽脫掉鞋子去踩踩土，把身上的負離子、負能量傳到土地上去，土地是我們的母親，他可以承載我們很多的情緒。

睡不著思緒很亂的人，就是太陽曬太少了，所以早上偶爾去曬曬太陽，這是非常重要可以醫治的效果，曬太陽曬的好，血清素濃度就會比較高。血清素是褪黑激素的前趨物，所以當褪黑激素濃度不夠的時候，表示血清素分泌太少，而褪黑激素濃度不夠你就會失眠，所以多走向大自然。

另一個 E 就是 Enjoy：偶爾享受一下泡個熱水澡，聽聽音樂這是非常重要的。所以 Call Out 的部分，就是打給朋友訴訴苦，然後打給教練尋求察覺，教練給一些方向，有時候

幫你提問一兩句，教練看見的可能比你在那邊碰釘子死氣沈沈還要快，所以記住不要遠離教練。你應該要遠離負面的地方，只要發現不敢靠近教練的，就知道他似乎死氣沈沈很久了。

Free（讓心靈自由、自在）：通常你會有不舒服，是因為你沒有被討厭的勇氣。你不夠心靈自由，你就會太在乎別人的眼光。當別人批判你，事實上只要我們問心無愧，沒有妨礙到別人，就必須要行使被討厭的勇氣。一個人如果沒有被討厭的勇氣，又很在乎別人的評價，這樣會不快樂的。當我們明明就不快樂時，就要告訴自己，我沒有對不起任何人，我沒有做奸犯科，我沒有偷搶拐騙，我只不過是想做我想做的事，選自己愛的工作，自己愛的學校，自己愛的人，我沒有礙著任何人！我們必須要告訴自己，我有行使愛自己的權利，要讓自己的心靈自由，就不必太在乎別人的評價，別人怎麼評價，那是他的自由，真的不要太在乎。

地球絕對不會因為我們而停止轉動，只要透過 ABCDEF 的 SOP，我們就可以很快走出低潮了。

<hr>

行銷便利貼

1. **ASK**（提問自己的感受）：提問自己的感受，去察覺這情緒的源頭。通常讓你有情緒的當事者，不是肇事者，造成你當下情緒的肇事者，通常它不是兇手！

2. **Be Quiet**（安靜）：安靜才能跟靈魂對話，有時當我們的靈魂落後太多時！適度的讓自己安靜一下吧！

3. **Call out**（打電話）：打電話給朋友或是教練，尋求專業的協助，讓情緒有個出口宣洩。

4. **Do Something**（你總得做些什麼）：離開那些讓你有負能量的地方，真正離不開就去泡杯咖啡提提神，轉換一下情緒

5. **Earth**（泥土）：走出戶外接觸大自然，把身上的負離子、負能量傳到土地上去，他可以承載我們很多的情緒。

6. **Free**（讓心靈自由、自在）：通常你會有不舒服，是因為你沒有被討厭的勇氣！不必太在乎別人的評價，別人怎麼評價，那是他的自由！

34 創建團隊向心力——建立三不五多原則

> 團隊的指責教育已成過去，創建團隊向心力在於領導者對人的一種態度。

昌哥：團隊領導者常說，做事容易做人難，團隊要大必須靠領導，領導難在做人而非做事。人會離開有兩種，要嘛！錢受委屈了，不然就是心受委屈了。

但是許多的員工說，心若委屈了，再多錢也留不住他，所以留人要留心，必須帶人又帶心。阿昌關於這點，你是怎經營團隊的呢？

阿昌：回想過去我在經營組織行銷時，團隊最大的時候，人數超過了 80 人，向下延伸的會員顧客人數，也超過了 850 人，每次團隊辦戶外旅遊活動，都要準備 2~3 台遊覽車，在當時年僅 32 歲左右的我，收入與事業均達到了高峰。

而我當時有個外號叫「鐵血阿昌」。為何會有這樣的稱號呢？來自於我有鐵的紀律、以及血的教育，再加上嚴己律己的執行效率，才足以讓我在最短的時間快速晉升。對於一開始抱定就是要來拼搏賺錢的夥伴，這樣的領導風格或許有效。

但若對於只想來試試，或是把團隊當社團交朋友尋開心

的，這樣的經營模式就成了他們的壓力。我必須承認，站在老闆或是領導者的角度，會希望每個員工、業務都是有衝勁的，都是態度積極的，都是想要來拼命賺錢的。

但事實上，我們還是必須承認，80%大部分的業務或員工，其實只是想要有個穩定的收入就滿足了。

我們都知道，組織行銷的持續收入，必須來自於大量的人，如果人一直流失，領導者的收入勢必受到影響。

正所謂少年得志大不幸，當時的我，由於情緒無法得到適度的控管，以致於團隊人員大量的流失，我雖然透過四年鐵血阿昌的嚴格紀律模式下，建立起 80 人的團隊，卻也不到一年時間，整個團隊就灰飛煙滅徹底的瓦解了。

10 年過去，回頭面對並徹底檢視所有問題後，才得知自己的過去竟是犯下不少的錯誤。我最後將這些錯誤整理起來，並把它統稱為「三不五多原則」。

《三不》

不批評： 過去的我，曾經當眾批評過他人的言行，而遭受到他人的惡言，以致於人際關係間出現了很大的裂痕。

我知道人都是有情緒的，要做到不批評真的很難，但是盡可能提醒自己在公開場合下，不做任何批判或對個人做評論！

簡單的說，就是要做到「揚善於眾前，規過於私室」。

不責備： 我確實也曾不少次，因為當眾對某幾個夥伴犯

錯而公然的責備，導致於開會氣氛變得很僵，也有夥伴因此憤而，的選擇離開。我們很難要求他人做到完美的地步，而沒有缺點。對於團隊夥伴犯錯，不應當庭廣眾做責備，而是私下給建議。

不抱怨：雖說適量的抱怨，是一種抒發意見的方式，也確實可以消除一些心理上的緊張，但抱怨盡可能不在公開場合下抱怨，當然也不是要你逆來順受、忍氣吞聲，而是學習如何把無濟於事的情緒，轉化成改變現狀的積極力量。

《五多》

多鼓勵：我相信大部分的人們都是希望得到支持與鼓勵，我剛進入房地產業務銷售工作時，因為對於高單價的商品有些畏懼也沒信心，因為另一半的鼓勵與支持，讓我在這條崎嶇不平的道路上，得到了力量。「鼓勵」則是對他人付出的努力給予肯定。鼓勵才能培養出有歸屬感、有能力、有價值感、有勇氣的團隊夥伴。

多讚美：適當的讚美別人，是我們在創造「新關係」中最好的方法之一，過去什麼時候你最會讚美對方呢？想必就是遇到你心儀的對象是吧！只要在她面前給予讚美，你才有可能把她追到手不是嗎？

帶團隊若能經常性的把團隊夥伴都當成每個你心儀的另一半的對待，多看她的優點少看她的缺點，並適度的給予她

讚美，相信他會對自己變得更有信心，這也是團隊領導間最好的潤滑劑。

我們要知道讚美不是一種虛偽的語言，而是以愛為出發點，去欣賞他人的優點，進而讚美他。並用真誠的心，誠心誠意地去發掘他人的特色，進而讚美他。讓自己願意張開眼，去看見別人的優點。要求自己習慣去開口讚美他人。千萬別為讚美而讚美，反而會變得很虛偽！

多肯定：我時時提醒自己「肯定對方，有助於我！」，因為我們知道團隊的建立，靠的是一群人，分工合作分層負責。若人們不願意跟你合作，團隊組織如何壯大，團隊必須有的人負責主持、有的人負責活動企劃、也有的人負責環境清潔、也有人負責衝鋒陷陣，不是每個人都適合擔任主持工作或是衝鋒陷陣。把人放對地方，給予適度的肯定，他一定會越做越好。當每個夥伴都能各司其職的把你賦予他的任務完成，這樣團隊分工才能趨近完美。肯定每個人的職掌表現，團隊才會越來越大！

多包容：我們聽過一句話叫做愛與包容，大家還記得，你多半什麼時候的包容心是最大的呢？通常就是當自己的孩子犯錯時。我的女兒十歲了，過去鮮少責罵過她，當然不表示我溺愛她，而是更多的愛與包容。包容之後，我願意更多的傾聽與溝通，對我們的團隊夥伴呢？是不是也該做到如此！

什麼是包容？包容就是，即使你有缺點，即使你犯了錯

誤，即使你傷害了我，我都能夠容忍，當然是有限度的，只要沒有超過限度，我們都應該學會去包容對方。

這個世界，誰都不是完美的，誰都會有缺點的，誰都會犯錯的，而我們要做的就是，接受他人不完美，接受他人缺點，不去指責他人的錯誤，而是要更多的包容，並給別人留點餘地，也給自己留點餘地。

多關心：為什麼你不懂我的心？這是我們常聽到的一句話，我們知道，團隊夥伴有時心受委屈，其實在乎的是一種感覺，什麼樣的感覺？就是缺乏被關心的感覺。過去曾經有個夥伴離開我的團隊，事後側面得知真正離開的原因是，缺乏關心他的家庭和生活，也缺乏關心他工作上低落的心情。

或許讀到這，有的領導人會抱怨，我帶上百人我哪有辦法每個都做到關心呀！

確實，這時團隊的分工就很重要了。

關心是人與人之間產生情感連接的紐帶，每個人都渴望被關心，只是有時候，我們也會對一些關心感到無所適從。

而真正有效的關心，是與對方的情感產生了共鳴。

三不五多原則下，仍須時時刻刻提醒自己，處理事情時，把情緒拿掉，因為情緒終究是無法解決任何事情的。

行銷便利貼

1. 人會離開有兩種！錢受委屈了、心受委屈了。

2. 組織行銷的持續收入，必須來自於大量的人！如果人一直流失，領導者的收入勢必受到影響！

3. 不批評：揚善於眾前，規過於私室。

4. 不責備：不當庭廣眾做責備，而是私下給建議。

5. 不抱怨：把無濟於事的情緒，轉化成改變現狀的積極力量。

6. 多鼓勵：鼓勵才能培養出有歸屬感、有能力、有價值感、有勇氣的團隊夥伴。

7. 多讚美以愛為出發點，去欣賞他人的優點，進而讚美他。

8. 多肯定：肯定對方，有助於我！

9. 多包容：接受他人不完美，接受他人缺點，不去指則他人的錯誤，而是要更多的包容，並給別人留點餘地，也給自己留點餘地。

10. 多關心：真正有效的關心，是與對方的情感產生了共鳴。

35 創建團隊向心力——接受批判是 凝聚向心力的開始

> 帶人帶心，不該只是口號，而是必須徹底實現 在團隊中。

昌哥：不少領導者都知道，帶人必須帶心這句話的道理，但是我長期觀察各組織或團隊的領導者中，卻很少有人真的能夠做得到帶人又帶心，究竟如何才能帶到夥伴的心呢？

阿昌我知道你過去有許多帶團隊的經驗，現在也有個向心力很強的團隊，你是如何實現這樣的領導方式呢？

阿昌：過去的我曾經在科技業擔任小主管，直接管轄的人數大約10多人，之後轉戰到傳直銷業，也帶領超過70位的團隊夥伴。到現在是建設公司的業務部經理，旗下也帶領不少的業務夥伴。過往確實有過不少帶團隊的經驗，但每個階段的領導，都有許多的故事與寶貴的經驗。

在這裡，我想分成兩個階段的故事跟昌哥您分享。

首先我最刻骨銘心的是，我在經營傳銷時的經驗，有經營過傳直銷的人都知道，這與公司上班的領導管理是完全兩

回事。組織行銷的夥伴隨時可以因為不爽而脫離團隊，甚至是離開，畢竟不做最大。而公司上班會因為每月有固定薪資，只要在還沒找到新的工作或更好待遇前，都會忍受主管的脾氣或情緒，而持續的忍辱負重。

14 年前我剛從事傳銷時，由於我研究所學的是工業工程管理，所以我很常運用 PDCA 戴明循環、魚骨圖、甘特圖以及更多的數據做組織，再加上過往無論在學校或是在科技產業，都是威權式的領導方式，所以很習慣的就會把這樣的模式運用到我所經營的傳銷團隊。說到這，可能不少有經驗的傳直銷領導人要昏倒了！

對於剛開始這樣的數據化與系統化的領導方式，確實收到了成效，再加上又能精準有效提升組織業績，我僅僅兩年多的時間就建立超過 70 人的團隊人數，與近 900 位優惠顧客人數。這對於當時年僅 30 歲的我，算是還不錯的成績。

不過正所謂少年得志大不幸，雖說數據化與系統化的管理方式用的好，但是威權式的領導方式，卻造成組織極大的傷害。不到一年的時間，也把我辛苦建立起的組織化整為零。

我當時犯下最大的錯誤，就是聽不進去組織夥伴的聲音，總是心想，老虎何需聽羊的意見呢？再加上由於當時自己的運作方式確實收到成效，所以就更不會採納其他人的聲

音，而是一意孤行採取強勢作風。

年輕氣盛再加上一意孤行，也嚇跑了一堆人，總是心想，我沒你們這群羊不會不行的，反而更覺得你們只會拖累我成功的速度。

剛開始確實也留下一些戰力不錯的菁英，但是久了之後卻也沒幾個人受得了我堅持己見的性格而離開，就這樣組織最終崩盤也迫使我離開傳直銷這個行業。

經過一次徹底崩盤慘痛經驗後，10 年後我轉戰到房地產業。記起先前的教訓，今年過年前我在一次業務團隊開會時，討論到新的一年你將做哪些改變時，我突然興起了不一樣的方式，就是除了請每位夥伴輪流各別分享，你自己新的一年你想做哪些改變，另外也請每位夥伴說說，你覺得他有什麼地方需要改變，也就是說從旁人的角度並給予建議。正所謂旁觀者清，這是最直接也最實際的。

當時身為業務領導人的我，選擇優先站出來聽聽大家給我的建議。

老實說，傾聽夥伴的建議這點真的需要很大的勇氣。當時他們給我 2021 改變的計劃建議是：

1. 日行一善，每天多說好話說話婉轉一點，多一點稱讚！

2. 說話留給對方多一點尊嚴，不要當面指責對方犯錯，

多給夥伴一點顏面！

3. 領導人的高度就是包容，跟大家相處一片，可以借刀殺人，不要自己殺人。

4. 摸摸頭給方向，而非直接指責！

5. 海納百川，接納每種形形色色的夥伴！

6. 團隊合作，分工合作分層負責，並做到傳承！

聽完我真的有點痛！當下的我其實很想反駁也很想解釋，告訴他們我其實不是這樣的，但是我最終選擇的是閉嘴，因為我永遠記得一句話：「若要更成功，別人說的，也許不是你愛聽的，但卻是你最需要的」。

我把他們給我的建議當下寫在白板上，並馬上再次的大聲複頌一遍！跟他們說，謝謝所有的夥伴你們給我的建議，我 2021 一定會改變的！

你知道嗎？當我大聲的說完這段話後，當下開會的氣氛突然變的很歡樂，也很愉悅。有夥伴說，阿昌老師，你真的是我看過最有氣度也最優秀的領導人耶！

我知道，我們團隊向心力已經不同了。

昌哥：確實我非常同意阿昌你所提的，「別人說的，也許不是你愛聽的，但卻是你最需要的」，這邊我也很鼓勵團隊可以多利用所謂的四不一沒有的建議方式。所謂的「四不」，指的是不在公開場合講、不人身攻擊、不翻舊帳、不

口出惡言。沒有指的是，要在沒有情緒的時候講，正所謂「揚善於公堂，規過於私室」。

行銷便利貼

1. 數據化與系統化的管理方式雖然好，但是威權式的領導方式，卻會造成組織極大的傷害。

2. 做到旁觀者清，接受旁人的建議與改進。

3. 若要更成功，別人說的，也許不是你愛聽的，但卻是你最需要的。

4. 傾聽並接受他人的批判這需要學習。

5. 四不一沒有的建議方式。所謂的「四不」，指的是不在公開場合講、不人身攻擊、不翻舊帳、不口出惡言。沒有指的是，要在沒有情緒的時候講。

36 當你願意這樣做，你將擁有更多的團隊資源與支援

> 與其單打獨鬥，不如學會借力使力，讓你的領導人器重你，事實上你是可以事半功倍的。

團隊潛規則OK篇與NG篇

阿昌：我們都知道，只要能成為團隊領導人眼中的焦點人物，那麼資源（支援）隨時在你身邊。但是事實上有更多的人覺得，如果要資源（支援）需要做到討好，那大可不必了，因為我就不是那種會討好主管或是領導人的人呀！這樣我覺得太假太諂媚了，我可不想這麼委曲求全自己。如果一味的討好，我不如就繼續維持現狀算了。

關於這點，昌哥請教一下，如果在不用討好的情況下，又可以得到資源（支援），你有什麼好方法或是建議呢？

昌哥：有點鋒芒畢露，你又不會窮忙，又可以得到資源（支援），這是我常在課程中跟學生分享的。所謂的鋒芒畢露，不是要你積極的求表現逢迎拍馬，而是在每一次的機會中，如何嶄露頭角讓主管看見。接下來我就跟各位分享《OK篇與NG篇》。

《OK篇》

懂老闆：事實上每一個老闆都喜歡懂他的人，如何懂他呢？你可以透過適度的提問去瞭解老闆真正的意圖，並且在會議中提供有用的解決方案跟計畫，而不是抱怨，因為抱怨是無法解決問題。老闆想聽到的是策略與方法，另外也要瞭解知道老闆短、中、長期的目標計畫。

簡報要能吸睛：吸睛就能吸金，在會議中報告，能用圖表就不要用文字，甚至將工作承諾剪成短片抓住老闆的眼球，畢竟現在3C的時代，剪接自製影片也都非常的簡單，簡報製作能簡潔明瞭，讓老闆快速的抓住重點，更能夠吸引老闆對你的注意。

勇於提案：即使是不成熟的提案都沒有關係，勇於發言表達意見，供團隊一起腦力激盪，這也是對團隊的一種貢獻，另外常態性的發言，也可以引起團隊領導人的注意。

創造彩蛋：在開會報告時，先講三個重點，接著神展開，最後做一個漂亮的結尾，然後再做一個補充說明，這會讓台下的聽眾對於你的報告內容有重點，又有期待感。

博信賴：珍惜每一次跟老闆聚會碰面的機會，讓老闆更瞭解自己，並累積老闆對我們的信賴感，對上管理是很重要的技巧，必須時時展露自己。

直言不諱：懂得盤點交代任務，提出建言，答應老闆的事情不必多，但每件事情都要做到位，如果你的老闆是一個聽得進去話的人，是一個貞觀之制的唐太宗，你就可以當一個魏徵，但是現在的老闆通常都是老虎屬性，公開場合不建

議給建言，建議私下勇敢的給建言，一次兩次小事情的建言，有了戰功後，就容易在老闆面前留下好印象了。

　　以上幾點，你可以做到有點鋒芒畢露，又不會窮忙的方法，供大家參考。

　　《NG篇》
　　拒絕表現：任何時候僅只會做完份內的工作，即使是對老闆簡報的機會，也拒絕表現，甚至是出工作任務時，總抱著多一事不如少一事的心態。
　　怕發言：害怕講錯話被指責，多說多錯的心態，所以盡可能的不表達意見。其實老闆並不怕犯錯的部屬，只怕什麼都不講的員工！所以怕發言，反而得不到讓老闆看見你的機會。
　　簡報沒有力量：平淡無奇的簡報內容，再加上缺乏重點整理式的報告，缺乏亮點，也是會不被老闆欣賞。
　　不敢抗命：老闆的要求照單全收，缺乏跟老闆互動與溝通，有時老闆的想法與實務或許會有落差，而部屬卻是照單全收，做完之後又得不到老闆滿意，最終是窮忙了半天，有時適度的與老闆做溝通，激出不同的想法與火花，或許就不會得到窮忙的結果。
　　躲應酬：老闆找聚餐吃飯能躲就躲，飯局總是草草應付，不愛跟老闆互動，自然而然就更少讓老闆看見自己的機會。
　　以上這些就是善良的職場工具人！為什麼做得很好還是NG呢！永遠自己悶著頭做！一接到任務馬上埋頭苦幹，缺

乏通盤的考量！結果並非老闆想要的！

阿昌：對於過去以來不太會阿諛諂媚的我，這樣的表現方式確實可以讓我覺得不做作，又可以得到上司的重用與資源，這不失一個好方法！

行銷便利貼

1. 有點鋒芒畢露，你又不會窮忙，運用以下六種方式，可以無須太諂媚，又可以得到資源（支援）

懂老闆：瞭解知道老闆短、中、長期的目標計畫。

簡報要能吸睛：透過簡單的簡報設計，更能夠吸引老闆對你的注意。

勇於提案：常態性的發言，引起團隊領導人的注意。

創造彩蛋：讓台下的聽眾對於你的報告內容有重點，又有期待感。

博信賴：對上管理是很重要的技巧，必須時時展露自己。

直言不諱：盤點交代任務，提出建言。

2. 職場工具人！為什麼做得很好還是 NG 呢？

拒絕表現：總抱著多一事不如少一事的心態！

怕發言：反而得不到讓老闆看見你的機會！

簡報沒有力量：缺乏重點整理式的報告，缺乏亮點！

不敢抗命：適度的與老闆做溝通，激出不同的想法與火花！

躲應酬：不愛跟老闆互動，自然而然就更少讓老闆看見自己的機會。

37 透過 SWOT 分析,做大你的團隊

> 知己知彼才能百戰不殆,透過優劣勢分析瞭解
> 團隊,策動團隊。

阿昌:先前一篇曾透過人格特質分析 PODA 瞭解每個人的人格屬性,只要把人放對位置,就能發揮其強項。但是對於策略分析與領導團隊作戰時,如果單只是運用人格特質分析 PODA 似乎略顯不足,需要更多的資訊與計畫,才足以把團隊與事業做大。關於這部分,昌哥你有什麼好的建議與方法呢?

昌哥:有一種分析,稱做是 SWOT 分析,是一種由 Albert Humphrey 在斯坦福大學所領導,使用許多頂尖公司數據的研究項目分析法,許多公司均會運用在行銷策略、產品的規劃上。SWOT 分析這四個字分別由:優勢(Strengths)、劣勢(Weaknesses)、外部競爭機會(Opportunities)和威脅(Threats)等元素組成,也可以幫助企業同時瞭解自身內外部的條件,幫助團隊進行策略分析。

SWOT 分析有什麼好處?SWOT 分析是一種企業競爭動態優劣分析的方法,是市場營銷的基礎分析方法之一,公

司會作 SWOT 分析，領導團隊，個人生涯規劃、選擇職業與興趣時也會作 SWOT 分析，當人們徬徨無助時也會做 SWOT 分析，。

透過評價公司或團隊的各方面評比，用以制訂發展戰略前，對自身公司的深入分析，與競爭優勢的定位，從這些方面去思考，你就會知道有什麼資源可以運用，集思廣益達成團隊的內部共識。

有著速食南霸天的丹丹漢堡，就曾進行過一次這樣的 SWOT 分析，讓我們更淺顯易懂的瞭解，他們是如何進行 SWOT 分析。

優勢（Strengths）：

1. 與其他速食餐廳比較起來價格相對便宜
2. 食材新鮮
3. 菜單的獨特性多樣化
4. 中西風格合併的餐點
5. 年齡層廣泛增加
6. 經常做促銷等活動

劣勢（Weaknesses）：

1. 店面設備較不夠完善，只在南部設點，少了許多的客源
2. 營業時間過短
3. 停車不方便
4. 加盟條件嚴格

5. 未提供小型遊樂設施

6. 企業用家族型態經營，若有意見不合的地方，可能會排除外面的聲音

外部競爭機會（Opportunities）：

1. 打開速食產業的新通路，推出特色餐點，讓吃膩速食業的客戶感到新奇

2. 可與其他品牌聯合行銷

3. 擴大店面將店面設置在交通方便的位置

4. 加盟門市至中北部地方發展。

威脅（Threats）：

1. 沒有 24 小時營業

2. 競爭對手行銷手法多樣化，知名度也較高

3. 養生主義者逐漸增多，速食業者受到影響

4. 速食業逐漸飽和

5. 家族經營家族若不合，技術容易外流

從以上的分析，我們發現優勢、劣勢談的是企業內部自己能做的，機會和威脅談的是與外部相比，倘若 SWOT 分析再搭配先前所學的人格特質分析，將更能把團隊效益發揮到極致！

另外若 SWOT 針對個人做分析，好比假設有人會這麼分析自己的。

優勢（Strengths）：

1. 勇於嘗試與冒險

2. 耐心

3. 有一定責任感

4. 內心熱情如火

5. 友善

劣勢（Weaknesses）：

1. 三分鐘熱度

2. 數字觀念不好

3. 固執

4. 不夠積極

5. 反應不好

外部競爭機會（Opportunities）：

1. 對目標有時相當執著

2. 偶爾想當領導人

3. 沒理由的自信心

4. 小聰明

5. 想像力勉強及格

威脅（Threats）：

1. 善變

2. 自以為是

3. 不積極

4. 不夠專注

5. 自卑感與劣等感

瞭解 SWOT 分析之後，就要用 USED 的技巧來產出解決方案——

用（Use）：如何善用每個優勢

停（Stop）：如何停止每個劣勢

成（Exploit）：如何成就每個機會

禦（Defense）：如何抵禦每個威脅

如果我們運用了 USED 這四個戰略，我們內部就要一起討論，面對我們的優勢如何發揮、機會如何實現、劣勢如何藏拙克服、威脅如何化敵為友，以前沒作 SWOT 分析，可能毫無方向，也不知道我們長處在哪，現在做完 SWOT 再搭配 USED，接下來根據 80/20 法則，我們必須針對優點，進行勤能補強，把我們強項發揮更強，缺點我們要懂得藏拙，不一定要把缺點變成優點，畢竟這難度比較高，花費的力氣也事倍功半，而是做到精益求精。

SWOT 分析可以做企業、組織、個人、各部門，做完後會對自己更清楚，哪些地方要更注意，夫妻關係、親子關係都可以作 SWOT 分析，這也都很有趣的。

阿昌：過去我在大學與研究所時，學的是工業工程，SWOT 分析算是我很常運用的分析手法，但 USED 卻是頭一回聽到！像我目前是在建設公司擔任業務主管的職務，若從我個人的角度分析我們建設公司的 SWOT 時，我的分析會是如此──

優勢（Strengths）：

1. 自建自售一條龍的服務
2. 不打廣告不蓋代銷中心避免層層剝削

3. 豪宅品質卻沒有豪宅價格

4. 商品多元（中古屋、新成屋、預售屋）

5. 在地三十多年老牌建商口碑好

劣勢（Weaknesses）：

1. 因為無須學歷與考核條件，業務素質參差不齊

2. 區域受限僅在北台灣有建案

3. 家族企業老董個人風格能力強烈，接班困難

4. 公司沒有底薪，導致優秀業務人員不容易進來

5. 缺乏完整的業務教育訓練

外部競爭機會（Opportunities）：

1. 成立善水基金會，建立企業形象品牌

2. 與不同體系建設公司進行合作銷售

3. 除了房地產外可以做異業結盟（例如：基金公司、股票投資公司、保險公司……等）

4. 可以與麥當勞、肯德雞、全聯、銀行業做結盟，蓋共構宅！

5. 與公益團體合作，打造企業文化

威脅（Threats）：

1. 樹大招風，常被同業攻擊（釘子會被釘，是因為太突出）

2. 土地稀缺性關係，購地成本不斷上升，新建案售價也不斷飆漲

3. 政府打房，影響購屋者信心

4. 同業挖角，人才容易流失

5. 建築、原物料、人工成本不斷上升，導致建造成本增加利潤下降

瞭解 SWOT 分析之後，接下來我就要用 USED 的技巧來產出解決方案——

用（Use）：善用每個優勢，像是一條龍服務，持續把服務做好，並且大量開發更多元的商品，提供給消費者做選擇。

停（Stop）：停止每個劣勢，像是進行業務人員程度能力上的考核，把對的人留下，不對的人請走，另外積極的培養除了家族外的專業經理人進行接班任務！以及開始建構完整業務教育訓練。

成（Exploit）：成就每個機會，開始異業結盟，並且與有品牌的大型連鎖店家合作建案，並開始大量塑造企業文化與品牌形象。

禦（Defense）：抵禦每個威脅，積極經營高端豪宅客群，建立客戶對公司品牌的信賴度，以及提升員工薪資，讓員工工作有保障。

以上會是我針對我們建設公司進行的 SWOT 分析與 USED 的技巧！

1. 運用 SWOT 分析：優勢（Strengths）、劣勢（Weaknesses）、外部競爭機會（Opportunities）和威脅（Threats）等元素，幫助企業同時瞭解自身內外部的條件，幫助團隊進行策略分析，公司會作 SWOT 分析，領導團隊、個人生涯規劃、選擇職業與興趣時也會作 SWOT 分析，當人們徬徨無助時也可以做 SWOT 分析。

2. 透過 USED，用（Use）、停（Stop）、成（Exploit）、禦（Defense）的技巧來產出 SWOT 分析之後的解決方案。

雙贏：東西這樣賣，團隊這樣帶，
超業雙雄黃正昌與賴政昌傾囊相授，
修練一流銷售技巧，打造頂尖業務團隊，就是這本書！

作　者／黃正昌　賴政昌
美術編輯／了凡製書坊
責任編輯／twohorses
企畫選書人／賈俊國

總 編 輯／賈俊國
副總編輯／蘇士尹
編　　輯／高懿萩
行銷企畫／張莉滎‧蕭羽猜‧黃欣

發 行 人／何飛鵬
法律顧問／元禾法律事務所王子文律師
出　　版／布克文化出版事業部
　　　　　台北市中山區民生東路二段 141 號 8 樓
　　　　　電話：(02)2500-7008　傳真：(02)2502-7676
　　　　　Email：sbooker.service@cite.com.tw
發　　行／英屬蓋曼群島商家庭傳媒股份有限公司城邦分公司
　　　　　台北市中山區民生東路二段 141 號 2 樓
　　　　　書虫客服服務專線：(02)2500-7718；2500-7719
　　　　　24 小時傳真專線：(02)2500-1990；2500-1991
　　　　　劃撥帳號：19863813；戶名：書虫股份有限公司
　　　　　讀者服務信箱：service@readingclub.com.tw
香港發行所／城邦（香港）出版集團有限公司
　　　　　香港灣仔駱克道 193 號東超商業中心 1 樓
　　　　　電話：+852-2508-6231　　傳真：+852-2578-9337
　　　　　Email：hkcite@biznetvigator.com
馬新發行所／城邦（馬新）出版集團 Cité (M) Sdn. Bhd.
　　　　　41, Jalan Radin Anum, Bandar Baru Sri Petaling,
　　　　　57000 Kuala Lumpur, Malaysia
　　　　　電話：+603- 9057-8822　　傳真：+603- 9057-6622
　　　　　Email：cite@cite.com.my
印　　刷／韋懋實業有限公司
初　　版／2021 年 8 月
定　　價／380 元
I S B N／9789860796087
E I S B N／9789860796117（EPUB）

城邦讀書花園　布克文化
www.cite.com.tw　WWW.SBOOKER.COM.TW